深井无巷旁充填切顶留巷顶板稳定与协同控制研究

刘　啸　著

中国矿业大学出版社

·徐州·

内 容 提 要

本书针对深井切顶留巷顶板稳定与协同控制问题，采用相似模拟、数值计算、理论分析及工程验证等综合研究方法，研究了切顶留巷直接顶与基本顶结构演化特征、基本顶预裂爆破成缝与稳定机理及切顶爆破参数的卸压效应、切顶留巷直接顶全周期变形机理及顶板协同支护机理，提出了切顶留巷协同控制技术并进行了工程实例验证。

本书可供高校采矿工程专业研究生、煤矿专业技术负责人、从事煤矿安全与技术研究的工作人员参考使用。

图书在版编目（C I P）数据

深井无巷旁充填切顶留巷顶板稳定与协同控制研究 ／
刘啸著. — 徐州 ：中国矿业大学出版社，2024.11.
ISBN 978 - 7 - 5646 - 6562 - 3

Ⅰ. TD77

中国国家版本馆 CIP 数据核字第 20245RH784 号

书　　　名	深井无巷旁充填切顶留巷顶板稳定与协同控制研究
著　　　者	刘　啸
责任编辑	李　敬
出版发行	中国矿业大学出版社有限责任公司
	（江苏省徐州市解放南路　邮编221008）
营销热线	（0516）83885370　83884103
出版服务	（0516）83995789　83884920
网　　　址	http：//www.cumtp.com　E-mail：cumtpvip@cumtp.com
印　　　刷	徐州中矿大印发科技有限公司
开　　　本	787 mm×1092 mm　1/16　印张 9.25　字数 176 千字
版次印次	2024 年 11 月第 1 版　2024 年 11 月第 1 次印刷
定　　　价	40.00 元

（图书出现印装质量问题，本社负责调换）

前　　言

切顶留巷具有取消区段煤柱、缓解采掘接续紧张、消除上隅角瓦斯积聚等技术优势，是提高煤炭采出率、降低巷道掘进率、实现深井安全高效开采的关键技术方法之一。切顶留巷使用周期长，顶板受力复杂，顶板稳定影响因素多，对巷道顶板控制提出了更高要求。

本书针对深井切顶留巷顶板稳定与协同控制问题，采用相似模拟、数值计算、理论分析及工程验证等综合研究方法，研究了切顶留巷直接顶与基本顶结构演化特征、切顶爆破参数的卸压效应、基本顶预裂爆破成缝与稳定机理、切顶留巷直接顶全周期变形机理及顶板协同支护机理，提出了切顶留巷协同控制技术并进行了工程实例验证，主要结论如下：

① 明确了切顶留巷直接顶与基本顶全周期力学结构为悬臂梁结构。通过相似模拟分析了切顶留巷直接顶与基本顶全周期结构演化特征，得到了预裂切顶能够起到卸压作用的结论，并在此基础上提出了切顶留巷顶板稳定控制的关键问题。

② 获得了保证顶板成缝与保留岩体完整性的爆破参数及最优卸压效果的切顶参数。以祁东煤矿 7135 工作面回风巷为工程背景，通过数值模拟研究分析了聚能爆破、普通爆破、不同线装药密度及不同炮孔间距条件下裂纹扩展规律，以及不同切顶深度与切顶角度的顶板卸压效应，得到了炮孔间距与线装药密度（装药长度）是顶板成缝与保留岩体完整性的关键因素，切顶深度为 9 m 及切顶角度为 80° 时卸压效果最优。

③ 提出了动静耦合作用下切顶留巷基本顶成缝与稳定判据。基于岩层中应力波衰减公式，建立了基于抗拉强度的基本顶成缝判据，获得基本顶成缝时装药长度及炮孔间距之间的最小量化关系；基于动

静耦合作用下基本顶受力特征,建立了基本顶力学模型,获得了以抗拉强度为临界指标的基本顶稳定判据,并获得了基本顶稳定时装药长度与炮孔间距的最大量化关系;揭示了爆破应力波在基本顶内呈拉压交替变换且巷道基本顶同一位置持续受到拉应力、压应力作用的传播规律。

④ 分析了切顶留巷直接顶全周期结构与受力特征,建立了切顶留巷直接顶全周期力学模型,获得了巷道顶板变形机理表达式,得到了切顶前后巷道顶板变形规律、留巷期间顶板变形量与巷内临时支护位置及支护刚度之间的量化关系。

⑤ 分析了切顶巷道留巷期间直接顶与基本顶协调变形力学特征,建立了直接顶与基本顶组合力学模型,得到了直接顶与基本顶层间剪力计算表达式,获得了层间错动判据,分析了层间剪力差与锚杆支护间排距、预紧力及临时支护体支护刚度之间的量化关系,分析并得出了临时支护阻抗层间错动具有显著的埋深效应。

⑥ 提出了切顶巷道协同控制思路及祁东煤矿 7135 工作面留巷期间顶板控制技术,得到了切顶巷道顶板在一次采动超前影响阶段至留巷稳定阶段,顶板最大移近量为 318 mm,垛式支架工作阻力位于合理变化区间,顶板未出现结构性失稳变形,实例验证了理论计算及顶板控制技术的合理性。

由于作者水平有限,书中难免存在不足之处,请读者们不吝指教。

作者
2024.3.1

目　　录

1　绪　论

1.1　研究背景及意义

1.1.1　我国煤炭能源现状

煤炭是我国的主体能源,煤炭工业也是关系我国经济命脉和能源安全的重要基础产业。我国是煤炭生产大国,也是煤炭消费大国,2023 年全国原煤产量达 47.1 亿 t,同比增长 3.4%,在我国一次能源生产和消费总量中的占比分别超过 65%、56%[1-2]。虽然我国能源发展正处于油气替代煤炭、非化石能源替代化石能源的双重更替期,新能源和可再生能源对化石能源,特别是对煤炭的增量替代效应明显,但我国煤炭产量自 2016 年至 2023 年仍呈连续上升趋势,如图 1-1所示,预测 2030 年煤炭的一次能源占比仍有 46.3%。因此,在未来相当长一段时期内煤炭仍是经济发展、能源安全稳定的"压舱石""稳定器",在我国经济发展中的战略地位依旧不可动摇[3]。

1.1.2　深部煤炭资源开采难题

我国煤炭资源储量丰富,然而能满足安全、技术、经济、环境等综合约束条件的绿色煤炭资源量约 5 000 亿 t,仅占我国预测煤炭资源总量的 1/10;煤炭资源平均采出率仅 50%[4]。随着煤炭开采和需求量的不断增加,煤矿开采深度以平均 10～25 m/a 的速度快速向深部延伸[5]。我国煤炭资源垂深在 600 m 以深的预测资源量为 3.61×10^{12} t,占预测总量的比例达 79.34%;在 1 000 m 以下的储量为 2.95×10^{12} t,占煤炭资源总量的比例达 53%。中东地区主要矿井开采深度已高达 800～1 000 m[6-7]。深部煤岩体处于高地应力、高地温、高岩溶水压的环境中,并且要经受多次强烈的采动影响;高原岩应力与采动应力叠加,导致围岩变形的扩容性、流变性与冲击性突出[8]。深部矿井开采期间巷道围岩变形量变大且采场矿压显现强烈[9],表现为围岩剧烈变形、巷道和采场失稳,并发生破坏性的冲击地压,加大了工作面顶板控制难度,深部矿井沿空留巷顶板不仅变形强

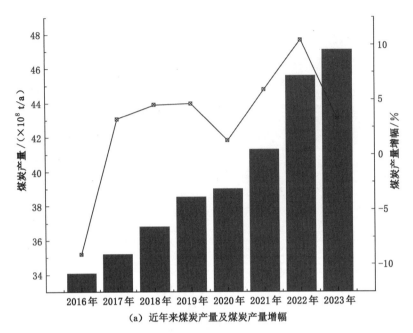

（a）近年来煤炭产量及煤炭产量增幅

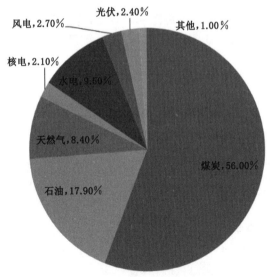

（b）2023年我国主要能源消费占比情况

图 1-1　我国煤炭能源地位

烈,而且煤帮挤出和底鼓严重,这是深部沿空留巷最显著的特点,给深部矿井安全高效开采带来了巨大安全隐患[10-11];留设大煤柱护巷能够较好地保证工作面回采期间巷道围岩稳定性[12-13],但同时也造成了煤炭资源的浪费。

1.1.3 无煤柱开采技术体系发展

无煤柱开采技术对煤炭资源的可持续开发具有重要作用[14],是深部煤矿实现安全高效开采的关键技术之一[15-16]。沿空留巷是矿井普遍采用的无煤柱开采技术,该技术的核心是采用技术手段将上一工作面的回采巷道沿空保留维护供下一个工作面使用[17]。该技术在提高煤炭采出率、缓解矿井采掘接续紧张及解决上隅角瓦斯积聚等方面具有明显的优势[18-19]。

从 20 世纪 30 年代开始,加拿大、英国、德国、南非先后采用冲击砂、膏体、高水速凝材料作为采空区及巷帮充填材料,实现无煤柱开采[20]。20 世纪 50 年代以后,沿空留巷技术在我国得到了应用和推广,常规沿空留巷无煤柱开采技术往往是通过在巷旁构筑充填体来支护原有巷道,巷帮充填支护先后采用了木垛、密集支柱、矸石带、混凝土砌块、膏体及高水速凝材料[21],该技术体系需要高强度的人工劳动和复杂的充填系统、充填装备、充填材料。目前沿空留巷巷旁支护在施工工艺方面有了较大提高,但仍存在适用条件有限、巷道围岩变形控制难度大、支护成本高、推广使用较困难等缺陷[22]。

2008 年,我国学者基于切顶短壁梁理论,提出了切顶卸压自动成巷无煤柱开采技术,取消了工作面之间的区段煤柱及常规沿空留巷巷帮充填体支护[23-24]。切顶卸压沿空留巷的核心在于利用系列关键技术和装备,在工作面回采过程中自动形成回采巷道。该采煤方法利用顶板定向切缝技术切断部分采空区顶板与巷道顶板之间的联系,改变了顶板岩层传力结构,从而有效改善了沿空巷道围岩应力集中的问题[25-26]。

本书所研究的切顶留巷开采技术是指对工作面回采巷道超前预裂爆破切断巷道顶板与采空区顶板之间的力学联系、加强顶板支护、在不保留煤柱且不采用巷帮充填支护条件下自动形成巷道的开采技术,几种工作面开采巷道布置如图 1-2 所示。

1.1.4 切顶留巷开采战略意义

切顶留巷是近年来新兴的无煤柱开采方式,切顶留巷的不同之处在于无须使用充填系统,取消了常规沿空留巷中的巷帮充填体,大幅度降低了沿空留巷开采的人工劳动强度[27-28]。切顶留巷利用超前预裂爆破技术切断巷道顶板与采空区顶板之间的力学传递,在矿山压力和采空区垮落岩体碎胀特性的作用下,实现无煤柱开采[29-30]。切顶留巷开采技术在提高煤炭采出率、减少巷道掘进工程量、缓解采掘衔接紧张、工作面上隅角瓦斯治理及延长矿井服务年限等方面具有

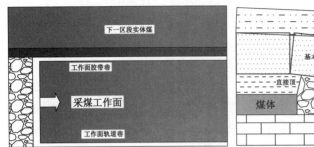
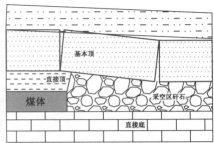

(a) 留设煤柱开采巷道布置示意图

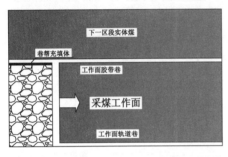
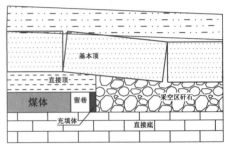

(b) 常规沿空留巷开采巷道布置示意图

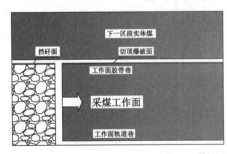
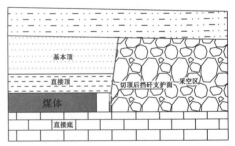

(c) 无煤柱开采巷道布置示意图

图 1-2　几种工作面开采巷道布置示意图

重要意义[31-33]，主要表现在以下四个方面：

① 切顶留巷技术能够有效提高煤炭采出率。我国大部分矿井煤炭采出率不到50%，远低于发达国家水平，如美国多数矿井为露天开采，矿井总采出率达80%左右。尤其在深部矿井，为维护工作面回采巷道围岩稳定性，往往区段煤柱留设宽度大，造成矿井煤炭采出率进一步下降。无煤柱切顶留巷技术通过消除区段煤柱，显著提高矿井采区煤炭采出率。根据文献[34]，无煤柱自成巷技术可提高采区10%以上煤炭采出率，有效减少资源浪费。

②切顶留巷技术可大幅度降低巷道掘进工程量,缓解采掘接续紧张。矿井采掘接续紧张加大了重特大事故发生风险。2018年9月,国家煤矿安全监察局下发了《防范煤矿采掘接续紧张暂行办法》,明确了矿井采掘接续紧张的情形并将其作为煤矿重大隐患进行监管。因此,缓解采掘接续矛盾,进一步优化采掘计划成为煤矿企业主要目标。目前常用的留煤柱采煤法中,回采一个工作面至少需要掘进2条巷道,在高瓦斯矿井、煤与瓦斯突出矿井工作面甚至达到"一面五巷",造成工作面采掘工程量及开采成本居高不下。切顶留巷技术利用顶板切落的碎胀岩体自动形成巷道,工作面至少减少1条巷道的掘进量,从而可有效降低工作面准备时长,缓解采掘接替紧张,提高生产效率。

③切顶留巷技术有利于工作面上隅角瓦斯治理,提高工作面安全生产效率。切顶留巷技术采用定向切缝技术切断了采空区顶板与巷道顶板之间的应力传递,可以改善巷道留设区域的应力环境,有效保证了巷道围岩的稳定性。通过切顶留巷技术,将工作面传统的"U"型通风方式优化为"Y"型或"H"型通风方式,消除了工作面上隅角,解决了传统通风方式下上隅角瓦斯积聚甚至超限的问题,有效提高了工作面安全生产效率。

④切顶留巷技术可延长矿井服务年限。留设煤柱开采矿井在服务后期均存在通过回采煤柱延长矿井服务年限的问题,由于煤柱两侧侧向三角区的存在,煤柱处于应力集中区,回采煤柱易引起巷道围岩变形严重、冲击地压、煤与瓦斯突出等灾害,无煤柱切顶留巷开采技术通过在工作面回采期间消除区段煤柱,提高矿井可采煤量,延长矿井服务年限。

总之,切顶留巷取消了巷旁充填体,大大改善了沿空留巷围岩应力环境,消除了邻近工作面煤体上方应力集中,有利于围岩结构的稳定,减小了巷旁支护成本。相较于常规巷旁充填沿空留巷,无巷旁充填切顶卸压沿空留巷具有一系列技术经济优势,已有成功应用案例[35-37]。但目前切顶留巷基础理论研究刚刚起步,基于巷旁支护建立起来的沿空留巷支护理论也难以适用于无巷旁充填切顶卸压沿空留巷开采技术,针对性地指导深井切顶留巷的理论和技术较少,从而限制了切顶留巷技术进一步的推广应用。

1.2　国内外研究现状及存在的问题

1.2.1　沿空留巷顶板结构研究现状

1.2.1.1　常规沿空留巷顶板结构研究现状

孙恒虎等[38]根据煤层顶板特征和弹塑性力学的有关理论,将长壁工作面沿空留巷的煤层顶板简化成层间结合力忽略不计的矩形叠加层板,认为沿空留巷支护载荷只与短支承边界的载荷有关。

何廷峻[39]采用 Wilson 理论建立了沿空留巷支护力学模型,分析了巷旁支护工作状态和支架载荷构成。他认为沿空留巷变形主要取决于巷道上方基本顶取得平衡前的下沉。顶板下沉过程中裂隙带岩块向下回转产生水平挤压力,相互挤压形成两端以煤帮和冒落矸石为支点的铰接岩梁。基本顶与直接顶下沉速度不同而产生离层,导致基本顶不能传递垂直应力,铰接岩梁取得平衡后基本顶对沿空留巷不再产生影响。

张农等[40]为探寻沿空留巷厚层复合顶板的传递承载机制,提出巷帮复合承载结构概念,认为顶板压力由顶板、墙体和底板共同承担,从而形成"顶-墙-底"复合承载结构,如图 1-3 所示。保持巷道稳定的关键是保证该复合承载结构处于平衡状态,复合承载结构的旋转下沉决定了沿空留巷顶板下沉变形量。

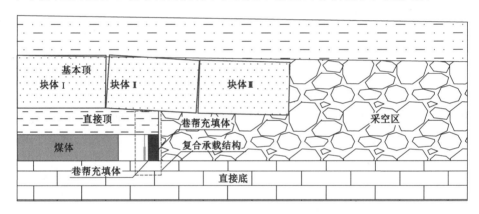

图 1-3 "顶-墙-底"复合承载结构

韩昌良等[41]为探讨厚硬顶板直接覆盖采场侧向悬臂结构的卸压和结构稳定机理及其对采空区沿空留巷的影响,认为沿空留巷两侧存在双重应力峰值,减小悬臂长度,可以缓解沿空留巷围岩支承压力,但也存在悬臂过短会导致压力释放不足,悬臂过长会产生较大的顶板支承应力,进而引起顶板变形失稳的问题。

华心祝等[42]认为巷道周边煤体受到采掘影响,在支承压力的作用下可能松动,甚至破坏。他们提出顶板力学模型应将巷帮煤体的松动区与塑性区的交界处作为沿空留巷顶板的固支点或简支点。此外,他们对沿空留巷顶板结构及其活动规律进行了研究,提出了"大结构""小结构"模型,如图 1-4 所示,并认为"小结构"的岩层载荷不仅与"大结构"的形态、拱高、跨度相关,而且与二次破断区顶板铰接岩层的稳定性密切相关,"大结构""小结构"相互作用决定了沿空留巷顶板稳定性。通过研究沿空留巷期间基本顶破断及运动特征,他们认为顶板稳定性及确定支护强度的决定因素为基本顶关键块 B 的稳定性,如图 1-5 所示,因此,确定了关键块 B 的稳定性判据,并基于关键块失稳判别条件推导出了巷帮支护阻力计算公式[43-44]。

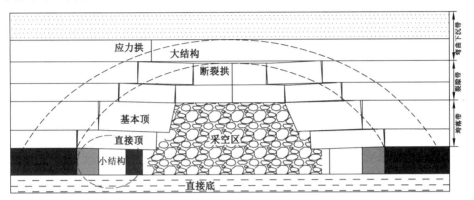

图 1-4 "大结构""小结构"模型

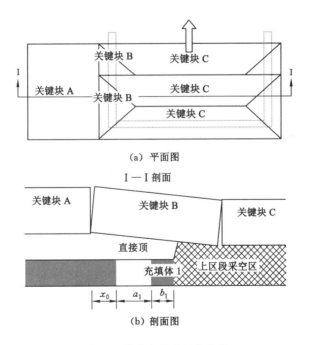

(a) 平面图

(b) 剖面图

图 1-5 沿空留巷关键块结构

Li 等[45]针对关键块体破裂位置对采空区充填壁剪切裂缝和拉伸裂缝的产生、扩展和贯通的影响,研究了充填体和煤壁的裂纹扩展形式,随着顶板断裂面与填充墙距离的减小,填充体的稳定性提高。他们认为在合理位置切落顶板,能够使填充墙处于稳定状态。

张自政等[46-47]考虑到沿空留巷围岩应力环境和结构特点,基本顶岩层回转下沉的给定变形和压力由巷旁支护体侧和实煤体侧及其上方直接顶共同承担,充填区域直接顶受力状态受基本顶回转下沉角和直接顶损伤变量的影响,随着基本顶回转下沉角增加,拉应力作用范围逐渐减小,水平错动范围逐渐增大。

谭云亮等[48]针对坚硬顶板沿空留巷,认为坚硬顶板基本顶在断裂后下沉不受岩层作用,基本顶岩层变形决定了下位直接顶及充填体的变形量,基本顶及直接顶由实体煤帮、巷旁充填体及采空区矸石3部分共同支撑,如图1-6所示。

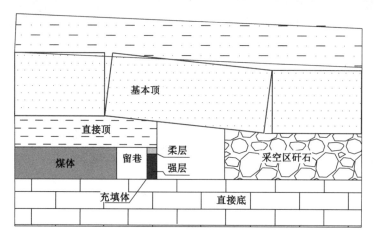

图 1-6 坚硬顶板"柔-强"巷旁支护结构力学模型

曹树刚等[49]为研究倾斜煤层工作面双巷在留巷期间的顶板结构,认为风巷留巷比机巷留巷更有利于控制顶板变形及保证充填体的稳定性。

李化敏[50]将沿空留巷顶板运动分为前期活动、过渡期活动和后期活动3个阶段,提出各阶段巷旁充填体支护阻力设计原则,建立了支护阻力及压缩量的计算模型,并认为巷旁充填体不能改变基本顶在冒落矸石支撑下形成的铰接岩梁的结构形态,也不能控制顶板岩层过渡期的下沉量。

1.2.1.2 无巷帮充填体沿空留巷顶板结构研究现状

无煤柱切顶卸压沿空留巷是近年来在悬臂梁理论的基础上提出的一种新的无煤柱采煤方法。切顶卸压沿空留巷的组成、形成机理、荷载传递方式和稳定机理与传统的采煤方法有很大的不同[51]。

韩昌良[52]在研究有巷帮充填体沿空留巷采场围岩应力分布规律时,提出采用顶板切缝预裂控制悬臂梁长度,优化留巷期间的应力环境。

高玉兵等[53-54]、马新根等[55]基于无煤柱切顶成巷力学机理,分析了沿空切顶巷道围岩结构演化过程和力学作用机制,建立了工作面超前区、成巷段动压区和成巷段稳压区的分段力学模型,如图 1-7 所示,认为从留巷开始至留巷结束,每个巷道单元均遍历"固支→简支→悬臂→简支"的顶板结构演化过程;不同留巷段顶板稳定程度与巷旁矸体(或煤体)对切缝结构面的作用程度关系密切;不同留巷位置巷道顶板稳定程度有较大区别,并提出了切顶成巷稳定性控制体系。

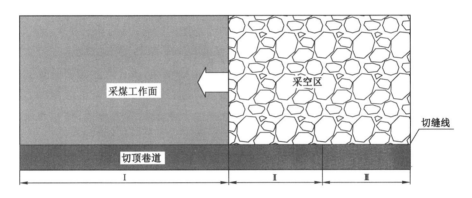

Ⅰ—工作面超前区;Ⅱ—成巷段动压区;Ⅲ—成巷段稳压区。

图 1-7 切顶沿空留巷顶板分区

何满潮等[56]通过分析切顶成巷开采试验工作面矿压数据,发现工作面矿压沿长度方向呈现出非对称分布特征。他们以塔山煤矿 8304 工作面为工程背景[57],认为切顶成巷开采工作面存在 3 个典型矿压分区,如图 1-8 所示;工作面中部为矿压强显现区(Ⅱ区);工作面两侧为矿压弱显现区,其中留巷侧为Ⅰ区,另一侧为Ⅲ;相较于Ⅲ区,Ⅰ区受顶板切缝和取消掘巷的影响,低压范围增大,且局部应力集中现象消失。

陈上元等[58]对比分析了常规沿空留巷与切顶留巷顶板结构及受力状况,认为超前预裂切顶能够有效减小巷道侧向顶板悬臂长度,降低巷旁支护体附加载荷。

殷帅峰等[33]通过建立煤层界面应力力学模型和留巷煤体塑性区演化数值模型对基本顶断裂位置进行了力学解析和数值计算,结合基本顶断裂位置影响因素关键性分析,确定了基本顶断裂位置关键影响因素为煤层厚度、开采深度、煤层界面力学性质及应力集中系数。

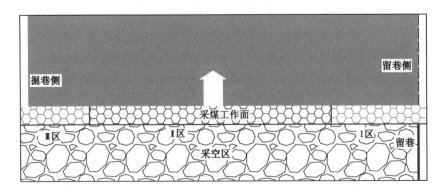

图 1-8　切顶沿空留巷开采工作面矿压分区

王炯等[59]通过开展相似模拟实验,研究采空区上覆岩层运动规律及围岩变形特征,得出通过顶板预裂切缝及利用岩层的碎胀性,能够有效改善切缝侧采空区充填效果,明显减小上位岩层的回转变形量,同时改变切缝影响区域内的岩层垮落特征;预裂切缝切断了巷道顶板与采空区上覆岩层的应力传递路径,改善了巷道围岩的应力分布,大幅度提高了巷道稳定性。

杨军等[60]认为切顶卸压自动成巷工作面在正断层的作用下,于上盘开采并靠近断层时,上覆岩层呈倒楔状,工作面前方应力及留巷实体煤帮侧应力逐渐增大,留巷围岩变形剧烈。在断层处时,上盘倒楔状岩层应力传递至下盘及工作面端头留巷煤帮侧,断层带易活化、破碎及易滑移的特性导致断层处留巷围岩变形最大。工作面过断层后,上覆岩层呈正楔状,此时工作面前方及留巷实体煤帮侧应力变小,但由于此时留巷位于断层破碎带下方,上盘倒楔状岩层应力向下盘传递,导致留巷变形依然较大。

1.2.1.3　深井沿空留巷顶板运移规律研究现状

深部沿空留巷与浅部留巷围岩变形区别较大,具有环境复杂、多次采动影响、顶板变形强烈以及煤帮挤出、底鼓严重等特点[61]。

武精科等[62-63]认为在深井高应力条件下沿空巷道顶板存在大变形、难控制等特点,阐明了深井沿空留巷围岩不对称变形破坏机制,提出了围岩结构分级分区耦合支护关键技术。并且,针对深井高应力软岩沿空留巷围岩大变形难题,分析了围岩特性、支护结构破坏形式及其破坏演化过程,并对围岩破坏机制和围岩控制技术进行了深入研究。

杨朋[64]认为深度增加使沿空留巷覆岩大结构拱高降低,拱跨度和轴比增加;深井沿空留巷在一次采动超前影响阶段顶板出现偏态,呈现两边高中间低的"〵"型特征,具有很大的冒落可能;复合顶板裂隙场呈现中低角度的离层裂隙特征。

　　谢生荣等[65]研究得到在深部高应力和大采高条件下,关键块 B 下沉剧烈,其稳定性直接关系到下部煤岩体的稳定(图 1-9),关键块 B 的沉降特征直接关系到是否能够留巷成功。深部留巷充填开采全过程巷道围岩偏应力分布形态以瘦高椭圆状→近似圆状→小半圆拱→大半圆拱→扇形拱进行演化,偏应力峰值带以顶底板→顶底帮角(实体煤侧)和实体煤帮进行转移;塑性区分布形态以近似椭圆状→近似圆状→半球状进行演化且塑性区呈非对称分布。

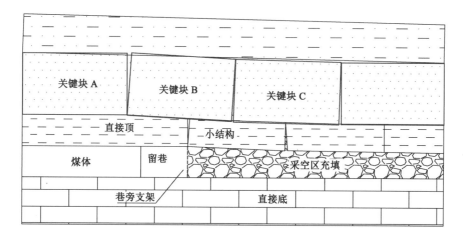

图 1-9　采空区充填沿空留巷顶板结构

　　赵一鸣等[66]针对深部沿空留巷厚硬顶板大面积悬露及采空侧顶板长悬臂劣化围岩应力环境的难题,分析了千米深井厚硬顶板直覆沿空留巷围岩矿压显现特征,提出了该条件下沿空留巷超前工作面采场顶板放顶优化与采空侧顶板结构破断卸压相结合的围岩结构优化控制技术。

　　陈上元等[67]研究了深井无煤柱沿空留巷技术原理及切顶后巷道顶板应力演化规律,认为超前预裂顶板避免了采掘应力叠加,消除了工作面端头与回采巷道交叉口的应力尖角;切缝使沿空巷道超前支承应力、侧向支承应力和围岩变形都得到一定程度的降低,实现了留巷围岩应力与变形的双重优化。

1.2.2　切顶沿空留巷关键参数研究现状

　　已有研究表明,合理的切顶参数(切顶角度、切顶高度)能够改善回采巷道围岩应力环境,起到卸压作用[68]。杨军等[69]研究了切顶关键参数对巷道围岩的响应规律,得到了切顶参数变化对巷道围岩的整体变形及矿压分布的影响。袁超峰等[70]分析了切顶高度、切顶角度的卸压效果,得出了合理的切顶高度辅之以合理的切顶角度可以最大限度地发挥切顶卸压的效果,两个参数之间相辅相成。张百胜等[71]对大采高留小煤柱切顶卸压沿空掘巷机理与围岩控制进行了研究,提出了切顶高度、切顶角度是实施精准切顶卸压的关键参数。侯公羽等[72]研究了深孔爆破切顶高度对混凝土巷旁支护沿空留巷稳定性的影响,研究结果表明合理的切顶高度可使留巷围岩稳定性得到增强。

朱珍等[73]在爆破切顶卸压技术原理的基础上,对倾斜煤层的顶板切缝深度、切缝角度参数进行了研究,给出了倾斜煤层和缓倾斜煤层关键参数设计的相应计算方法,提出了沿空留巷二次切顶方法。针对深部矿井切顶留巷关键参数,在理论分析及数值模拟计算的基础上,表明最优爆破参数需经过现场试验确定。Ma 等[74]研究了放顶煤沿空留巷技术中顶板切缝对顶板力学性能的影响,认为在工作面回采前岩层的剪切角对切顶角度设计具有重要意义。孙晓明等[75]针对薄煤层顶板破断切落过程的回转失稳垮落,确定了顶板预裂切顶高度、切顶角度以及爆破钻孔间距为顶板切落关键参数。郭志飚等[76]推导了切缝角度和切缝高度的理论公式,利用数值计算方法确定预裂切顶合理参数,认为薄煤层顶板预裂切缝具有明显的角度与高度效应。

针对浅孔爆破切顶卸压作用机理,陈勇等[77]认为导向孔在切顶卸压中的作用为:增加自由面,应力集中,裂隙导向,增加裂隙区的范围,提高裂隙贯通率和炸药能量利用率,有利于顶板的垮落。装药孔不耦合系数对导向孔作用的发挥有较大影响。张自政等[78]阐述了浅孔爆破的分区特征及各自的计算式;建立坚硬顶板沿空留巷切顶力学模型,给出在爆破切落直接顶的条件下巷旁充填体切落基本顶的切顶阻力计算式;提出浅孔爆破切落直接顶,高水材料构筑巷旁充填体切落上位基本顶的坚硬顶板控制技术,并采用锚杆支护配合单体液压支柱的巷内支护技术。王炯等[79]以塔山煤矿为工程背景,采用矿压理论分析、数值软件模拟和现场爆破试验等方法,确定顶板预裂切缝高度、切缝角度、单孔最优装药结构、孔间距参数,并取得了良好应用效果。

1.2.3 沿空留巷顶板控制研究现状

随着开采深度的增加,巷道围岩变形量也随之变大且剧烈,表现为巷道失稳,甚至发生破坏性的冲击地压,顶板控制难度大,支护成本高[80]。在深井巷道顶板控制方面,谢和平等[81]认为当开采深度一般超过第一临界深度时,开采岩体介质处于塑性大变形阶段,可采用切顶卸压技术优化巷道围岩应力环境,在支护技术上需考虑支护体与围岩在强度、刚度和结构上的耦合。左建平等[82]针对深部煤矿矩形巷道顶板受力特点,提出深部巷道等强梁支护概念,即对同一巷道断面设计不同支护长度的锚杆,使顶板局部应力达到均匀分布。高玉兵等[83]通过分析深井高应力巷道围岩变形机制,提出一种深部巷道定向拉张爆破切顶卸压围岩控制技术,人为主动控制覆岩结构垮断位置,达到优化巷道应力环境的目的。王琦等[84]针对深部高应力回采巷道围岩控制难题,以孙村煤矿为工程背景,分析并提出了深部高强锚注切顶自成巷方法,利用高强锚注提高巷道顶板完整性,利用顶板预裂切缝切断采空区与巷道顶板之间的应力传递,使巷道处于应力降低区。

勾攀峰等[85]认为顶板失稳主要是锚固体内锚杆拉断或滑脱造成顶板锚固体破坏,并以此分析了锚固体失稳机理,得到了深井回采巷道围岩控制基本途径是高强锚杆、锚索耦合协调支护。陈勇等[86]认为采用高阻让压支护,提高沿空留巷围岩承载能力和抗变形能力,适应沿空留巷阶段性围岩大变形与应力调整,能够有效解决沿空留巷期间围岩变形大、变形不均匀、维护效果差等状况。沙旋等[87]针对厚煤层沿空留巷顶板控制难题,以高河矿为工程背景,提出强帮固顶的支护方法,即巷帮采用高强度柔膜充填体,巷内采用高预应力锚杆(索),煤柱采用锚索补强支护。

何满潮等[88]根据采空侧顶板预裂卸压机制,建立了不同顶板位态下"围岩结构-巷旁支护体"力学模型,推导得出了巷旁支护阻力的计算方法,提出了聚能预裂爆破、恒阻大变形锚索及巷旁密集单体支柱等围岩控制技术。陈上元等[58]认为深部切顶成巷来压速度快、强度大,巷内单体支柱易造成冲击破断,提出了恒阻锚索关键部位支护+可缩性"U"型钢柔性让位挡矸+巷内液压支架临时支护+实体煤帮锚索补强的深部切顶成巷联合支护技术,并进行现场工业性试验。龚鹏[89]在研究大小结构相互作用的基础上,提出了深部大采高充填沿空留巷刚-柔结合巷旁支护体关键参数的设计方法。

1.2.4 岩体爆破致裂机理研究现状

岩石具有耐压怕拉特性,当爆破应力波产生的最大拉应力大于岩石抗拉强度时[90],岩石产生裂纹,在爆生气体的冲击作用下,裂纹扩展形成裂缝。当炮孔间裂缝相互贯通,即能切断岩层,实现切顶卸压效果。

国内外学者在爆破致裂机理研究方面,采用应力波理论推导不同装药结构所引起的炮孔孔壁峰值压力得到了广泛的运用[91-92]。Yang等[27]基于岩体应力波衰减公式分析了深埋圆形隧道围岩振动频率与爆破动载及动态卸载之间的相互关系,研究表明作用时间较短的爆破动载比持续时间较长的动态卸载具有更高的振动频率,并且随着传播距离的增加,爆破动载振动更容易衰减,利用岩体在爆破作用下的卸荷振动能够实现对深部岩体的致裂。

邓祥辉等[93]采用应力波波动方程分析了应力波在遇到节理面时的作用机

理,认为节理中充满着软弱介质和空气,应力波较容易透射进入;当应力波要从水平节理再透射进入相邻岩层时,绝大部分应力波将被反射,反射的应力波对反射岩层形成拉伸作用,拉伸作用使节理面继续发育扩展。何满潮等[94]对岩体在爆破作用下裂纹发生、扩展原理上进行了描述,并采用凝聚炸药的C-J理论,给出了爆破冲击波峰值应力计算方法及基于爆破损伤叠加范围确定炮孔间距的方法。

梁洪达等[95]认为爆破应力波的叠加及爆生气体在水平径向裂隙中膨胀挤压合力大于岩体抗拉强度而造成岩体开裂。高魁等[96-97]通过描述爆破应力波对岩体的作用过程,认为爆破应力波衍生的拉伸应力是造成岩体裂纹扩展、导致岩体破坏的根本原因,且聚能方向上产生的初始导向裂隙远大于其他细小裂纹,高压爆生气体进入初始导向裂隙使裂隙扩展发育、岩体破裂。

左建平等[98]认为爆破应力波加大了裂隙发生、扩展的可能性,在爆破应力波强度恒定的条件下,改变爆破应力波入射角度,能够实现爆破应力波对裂隙扩展的最大扰动作用。高玉兵[34]采用裂纹尖端起裂强度因子论述了地应力与爆破应力共同作用下裂纹发生、发展过程;在聚能爆破模式下,爆破起始阶段主要为聚能流的冲击作用,在此作用下形成了定向裂缝,应力波主要在定向裂隙的引导作用下继续扩展原有裂隙。

吴亮等[99]基于弹性力学和结构力学,获得了层状围岩隧道迎爆侧最危险点的应力表达式,认为最危险点的应力随着爆破质点振速的增大而增大。刘衍利等[100]分析了双向聚能爆破对爆轰产物产生的双向聚能效应,使非设定方向上的围岩均匀抗压,而设定的2个方向上的围岩集中受拉,在张应力的作用下实现岩体的定向断裂。

Lu等[101]认为岩石爆炸发生后,应力波在岩石内的传递过程为爆破动载卸荷过程,爆破动载卸荷引起的应变率达$(10^{-1}\sim10^{1})s^{-1}$。Zhang等[102]在研究动载应变率对岩石抗拉强度影响时,认为当应变率在$(10^{-1}\sim10^{1})s^{-1}$时,动态抗拉强度与静态抗拉强度比值约为1.1~1.3。Singh[103]对爆破冲击荷载作用下煤矿巷道及采场的围岩损伤问题进行了数值模拟分析,得到不同振动峰值条件下围岩损伤程度,依据围岩赋存深度的不同,可划分为剧烈损伤、轻微损伤和无损伤。

Torano等[104]综合考虑了不同介质、装药量、起爆顺序等因素,通过建立三维有限元模型研究了隧道爆破振动速度的分布规律。Lu等[105]通过数值模拟研究了高原岩应力作用下预裂爆破裂纹扩展机理,认为当爆破产生的尖端应力强度因子高于岩体的断裂韧性时,能够产生裂纹并传播。

Ma等[106]分析了爆破过程中不同应力加载速率对岩体破裂模式的影响,当加载速率很大时,炮孔周边只会形成压碎区;当加载速率相对较低时,则首先形成压碎区,随后出现径向拉伸断裂;当加载速率非常低时,则只会出现径向断裂。Yilmaz 等[107]认为当爆破应力波产生的拉应力超过岩体抗拉强度时,随着时间的增加,裂纹扩展的距离增加。

高魁等[108]研究了两个爆破孔同时起爆时的应力叠加问题,分析得到,受应力波和爆生气体产生的准静态应力场的共同作用,应力波强度远超过岩体的抗压强度,随着时间的变化爆破孔周边的岩体完全处于破碎状态。通过上述研究成果可以发现,爆破应力波在岩体内产生了拉应力,拉应力的作用使岩体产生并扩展裂纹,爆生气体加剧了裂纹扩展,致使岩体成缝破裂。

在预裂爆破过程中,爆破参数对爆破效果起到决定性作用,国内外学者在爆破参数研究上取得了大量成果。朱子良[109]、宗琦等-110通过研究不耦合装药爆破能量和作用于孔壁的初始压力时发现,不耦合装药所产生的爆破冲击波能量与气压均明显降低,孔壁冲击压力随装药不耦合系数的增大呈指数衰减规律,爆生气体在炮孔中的作用时间有效增长,爆炸能量分布更加均匀。马新根等[111]通过数值模拟方法确定了最优装药不耦合系数,并通过现场实测导向孔裂隙率确定最优炮孔间距。陈上元等[112]认为对聚能爆破效果影响较大的是炮孔装药量和炮孔间距,并通过现场实测及数值模拟方法确定了合理的炮孔装药量及炮孔间距。艾纯明等[113]采用数值模拟研究分析了不同孔间距条件下有效应力在介质中的分布规律,得出复合介质孔间距 1.5 m 的岩孔爆破效果与孔间距 3.0 m 全煤介质基本相当。

1.2.5 存在的问题

国内外学者在常规充填沿空留巷、薄及中厚煤层条件下切顶留巷顶板结构特征、变形机理、切顶参数及支护技术研究方面取得了大量研究成果。切顶留巷工作面回采期间巷道顶板结构及应力环境与常规充填沿空留巷存在差异,且深井巷道顶板应力环境较浅部也存在明显不同。综上分析,有关切顶留巷顶板变形机理、成缝与稳定机理、切顶卸压效应及顶板协同支护方面存在以下问题:

① 无煤柱切顶留巷工作面回采期间巷道顶板需经历掘进阶段、一次采动影响阶段(一次采动超前影响阶段、一次采动留巷影响阶段、留巷稳定阶段)及二次采动影响阶段,相较于普通回采巷道使用周期长,巷道顶板经历的动压影响复杂。基本顶的变形不能直接反映巷道顶板变形,且在巷道顶板结构演化过程中应当考虑实体煤极限平衡区对顶板的支撑作用。以往研究切顶留巷顶板变形机理,多以工作面为参考位置,将巷道划分为不同阶段,分阶段建立力学模型,缺乏统一性。

② 切顶留巷工作面回采期间需进行超前预裂爆破,削弱或切断巷道顶板与

采空区顶板之间的力学联系。预裂爆破段多在基本顶内实施,预裂爆破既要保证巷道基本顶沿炮孔连线方向断得开,又要保证巷道基本顶稳定。关于在动静载作用下揭示基本顶成缝与稳定机理、建立成缝与稳定判据方面,国内外学者少有研究。在切顶机理及爆破参数方面国内外学者多采用数值模拟及现场实测方法确定,缺乏理论基础。因此考虑动静耦合作用下基本顶成缝与稳定机理方面、基本顶成缝与稳定分别与装药长度及炮孔间距量化关系需要进一步研究。

③ 无切顶留巷技术在浅部矿井已得到应用。切顶参数对卸压效应具有关键性作用,通过现场观测无煤柱切顶留巷在浅部巷道的应用及矿压显现规律,证明了切顶深度与切顶角度参数确定的合理性,但深井巷道围岩应力环境不同于浅部矿井,浅部巷道切顶参数能否在深部起到同样的卸压效果,相关研究较少且缺乏针对性。

④ 切顶留巷顶板协同支护方面,国内外学者通过数值模拟及现场实测方法在切顶卸压优化应力环境、利用矸石发挥围岩自承载能力及巷内支护延缓围岩变形方面取得了大量成果。然而切顶后的巷道顶板应力环境、结构特征在开采期间为固定因素,巷内支护方式和支护参数是控制顶板变形的可变因素,关于巷道顶板变形与主动支护及临时支护在空间上的量化关系、巷内支护参数之间匹配关系,国内外学者研究较少,针对切顶留巷顶板协同支护机理需要进一步研究。

1.3　研究内容及方法

本书结合国内外切顶留巷研究现状及存在的问题,采用理论计算、数值计算模拟、相似模拟实验及现场实测等综合方法开展以下研究:

① 深井切顶留巷顶板结构特征与关键问题分析。切顶留巷使用周期长,顶板承受采动影响复杂,巷道顶板结构演化特征明显。深井切顶留巷顶板垮落、结构演化特征是决定顶板稳定控制的关键问题。利用相似材料模拟实验,研究切顶留巷在掘进阶段、一次采动影响阶段、二次采动影响阶段顶板结构演化特征,为切顶巷道直接顶与基本顶力学模型建立提供物理依据,分析切顶留巷顶板位移及应力分布规律,总结并分析深井切顶留巷顶板稳定控制的关键问题。

② 切顶留巷顶板卸压爆破参数研究。无巷旁充填切顶沿空留巷的工艺技术核心为采用预裂爆破技术对巷道边界处顶板进行切断,起到卸压、优化巷道顶板应力环境的作用,充分发挥巷道顶板自承载能力。

切顶参数中切顶深度及切顶角度是决定留巷期间巷道顶板应力环境优化及减小巷道顶板下沉量的关键因素。通过数值模拟方法研究不同切顶爆破参数条件下顶板裂纹扩展、应力分布及下沉变形规律,可确定最优爆破切顶参数。

③ 动静耦合切顶留巷基本顶成缝与稳定机理。超前预裂爆破既要保证基本顶炮孔连线间形成贯通裂缝,同时还要保证巷道基本顶稳定,装药长度与炮孔间距是决定性因素。预裂爆破过程是动静载耦合作用过程,基于应力波衰减计算表达式及动静耦合作用下基本顶受力特征,分别获得基本顶成缝与稳定机理表达式,并以此建立基本顶成缝与稳定判据,获得基本顶成缝时装药长度与炮孔间距之间的量化关系,以及基本顶稳定时装药长度与炮孔间距的量化关系。

④ 切顶留巷直接顶全周期变形机理。以巷道直接顶为研究对象,基于巷道直接顶结构及受力特征建立切顶留巷直接顶全周期力学模型,获得巷道直接顶变形机理表达式,分析巷道直接顶变形与临时支护体支护刚度、支护位置的量化关系,为巷道顶板支护提供重要依据。

⑤ 深井切顶留巷顶板协同控制技术。在工程实践中,切顶巷道留巷期间顶板位移呈现由实体煤帮向采空区侧逐渐增大的特征,巷道直接顶与基本顶在弯曲变形过程中,在层间接触面产生剪力。以直接顶与基本顶为研究对象,建立以层间错动为判据的直接顶与基本顶组合力学模型,获得巷道顶板变形与巷内支护参数的量化关系与巷道顶板协同支护机理。

2 深井切顶留巷顶板结构特征与关键问题分析

顶板不仅是承载结构,同时也是施载结构,巷道顶板的结构稳定是保证巷道安全使用的基础条件。切顶留巷使用周期长,顶板受采动影响复杂,巷道顶板结构演化特征明显。深井切顶留巷顶板垮落、结构演化特征是决定顶板稳定控制的关键问题。

本章利用相似材料模拟实验,研究切顶留巷在掘进、一次采动影响阶段、二次采动影响阶段顶板结构演化特征,为切顶巷道直接顶与基本顶力学模型的建立提供依据;分析切顶留巷顶板位移及应力分布规律,总结并分析深井切顶留巷顶板稳定控制的关键问题。

2.1 切顶留巷顶板结构演化特征

2.1.1 工程概况

本书以祁东煤矿 7135 工作面为工程背景,该工作面东部为 DF5-21 断层保护煤柱,西部为 71 煤三采区运输上山,南部为 7133 计划工作面,北部为已经回采的 7137 工作面。工作面起止标高 $-482 \sim -565$ m,倾向长度为 175 m,走向长度为 1 688 m,工作面煤层平均厚度 m 为 3.3 m,巷道宽度 b 为 5.0 m,高度 h 为 3.0 m,煤层倾角平均为 $12°$。工作面上方为 6133 工作面采空区,法向距离约为 39 m。该区域地势较平坦,地表无大的河流通过,平均埋深为 520 m,最大埋深为 582 m。工作面巷道布置及地质柱状图如图 2-1 所示。

工作面顶板:由开切眼至工作面终采位置,直接顶岩层厚度变化范围为 $0.6 \sim 8.3$ m,岩性为泥岩,浅灰色,含大量植物化石,较破碎。基本顶厚度变化范围为 $3.5 \sim 17.4$ m,岩性为细砂岩,水平层理,含泥质条带,局部钙质胶结,较硬。根据矿井地质赋存特征,选用泥岩及砂质泥岩作为覆岩岩层。

工作面底板:直接底为泥岩,平均厚度为 2 m,基本底为细砂岩与中砂岩,平均厚度为 28 m。

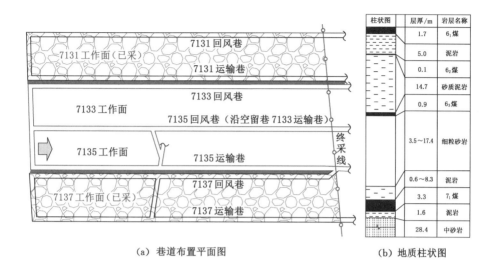

柱状图	层厚/m	岩层名称
	1.7	6_1煤
	5.0	泥岩
	0.1	6_2煤
	14.7	砂质泥岩
	0.9	6_3煤
	3.5～17.4	细粒砂岩
	0.6～8.3	泥岩
	3.3	7_1煤
	1.6	泥岩
	28.4	中砂岩

(a) 巷道布置平面图　　　　　　(b) 地质柱状图

图 2-1　工作面巷道布置及地质柱状图

2.1.2　相似模拟实验介绍

2.1.2.1　实验内容

切顶留巷在工作面回采期间经历的动压影响复杂,由于预裂切顶作用,无巷旁充填切顶留巷巷道顶板结构与常规充填沿空留巷顶板结构存在不同,因此为获得切顶留巷在工作面回采期间顶板结构演化特征,采用平面相似模拟实验开展以下实验内容:

① 切顶留巷巷道顶板全周期结构演化特征。

② 切顶留巷巷道顶板全周期变形及应力分布规律。

2.1.2.2　实验方案

① 实验工程背景。煤层倾角平均为 12°,为了研究切顶留巷顶板结构演化特征,将煤层倾角简化为水平角度。切顶高度及角度分别设计为 9 m、10°,相似模拟实验预裂切顶采用预留切缝方式实现。

② 相似模拟模型设计。相似模拟模型应满足几何相似、运动相似、动力相似、边界条件相似、对应的物理量成比例,因此:

a. 岩石的变形特征相似,即模型上任一点、任一时刻的应变与原型上的点应变相似。

b. 根据实验目的,在选择相似材料的要求上,由于条件限制,仅以强度(抗拉或抗压)指标作为主导特征。

c. 模型线比：

$$\alpha_l = \frac{x_m}{x_h} = \frac{y_m}{y_h} = \frac{z_m}{z_h} = 1/100 \tag{2-1}$$

式中，x_h、y_h、z_h 分别为原型沿 x、y、z 方向上的几何尺寸；x_m、y_m、z_m 分别为模型沿 x、y、z 方向上的几何尺寸。

d. 模型容重比：

$$\alpha_r = \frac{\gamma_m}{\gamma_h} = 0.6 \tag{2-2}$$

式中，γ_m、γ_h 分别为模型材料、原型岩石容重，kg/m^3。

e. 材料强度与原型岩石强度的比例关系：

$$\sigma_m = \alpha_l \alpha_r \sigma_h \tag{2-3}$$

式中，σ_m、σ_h 分别为模型材料、原型岩石强度(抗拉或抗压)，MPa。

f. 模型与原型的时间比：

$$\alpha_t = \sqrt{\alpha_l} = 1/10 \tag{2-4}$$

为了模拟方便，取 $\alpha_t = 1/12$，即模拟实验中的 2 h 相当于实际现场的一天。

平面相似模拟模型尺寸：长度×宽度×高度＝3.0 m×0.2 m×1.4 m，可模拟实际岩层尺寸为：长度×宽度×高度＝300 m×20 m×140 m。模型各岩层物理力学参数，如岩层密度 ρ、抗压强度 σ_c 等均依据巷道掘进期间煤岩体实验室实测值按应力相似比计算确定，由于煤岩体取芯深度及范围限制，同类岩层采用相同物理力学参数，岩层物理力学参数及相似配比如表 2-1 所示。相似模拟实验材料选用河沙、石灰及石膏作为骨料，岩层间分层材料选用云母片。

表 2-1　岩层物理力学参数及相似配比

岩层名称	岩层厚度/m	密度/(kg/m³)	抗压强度/MPa	材料抗压强度/MPa	铺设层数	配比号	每分层材料质量/kg			
							河沙	石膏	石灰	水
泥岩	10.0	2 670	28.86	0.167 5	4	1237	32.2	0.8	1.9	3.3
泥岩	20.0	2 670	28.86	0.167 5	8	1237	32.2	0.8	1.9	3.3
砂质泥岩	6.0	2 660	30.00	0.174 8	2	1237	38.6	1.0	2.3	4.0
泥岩	14.0	2 670	28.86	0.167 5	6	1237	30.0	0.8	1.8	3.1
砂质泥岩	9.5	2 660	30.00	0.174 8	4	1237	30.6	0.8	1.8	3.2

表 2-1(续)

岩层名称	岩层厚度/m	密度/(kg/m³)	抗压强度/MPa	材料抗压强度/MPa	铺设层数	配比号	每分层材料质量/kg			
							河沙	石膏	石灰	水
泥岩	7.0	2 670	28.86	0.167 5	3	1237	30.0	0.8	1.8	3.1
泥岩	15.0	2 670	28.86	0.167 5	6	1237	32.2	0.8	1.9	3.3
细砂岩	17.4	2 730	104.00	0.590 5	7	855	30.8	1.9	1.9	3.3
泥岩	3.0	2 660	30.00	0.174 8	1	1237	38.6	1.0	2.3	4.0
7_1 煤	3.3	1 400	30.00	0.332 1	1	1237	38.6	1.0	2.3	4.0
中砂岩	14.0	2 860	84.00	0.455 2	3	873	57.9	5.1	2.2	6.2

实验过程中,为了重点研究巷道顶板结构特征,对模型中煤层底板进行了简化,选用 14 cm 厚中砂岩作为底板,增加煤层顶板的铺设厚度,使得煤层顶板厚度增加至 103 cm,模拟煤层顶板厚度为 100 m。将 7_1 煤顶板存在的软弱夹层泥岩作为弱层理面,实验过程中采用云母片铺设,6_2 煤与 6_1 煤合并至相邻岩层中,实验过程中作为相邻岩层进行铺设。

模拟岩层上边界至地表 420 m,该层位垂直应力为 10.5 MPa,可得模型上边界垂直应力为 0.063 MPa,平面相似模型如图 2-2 所示。

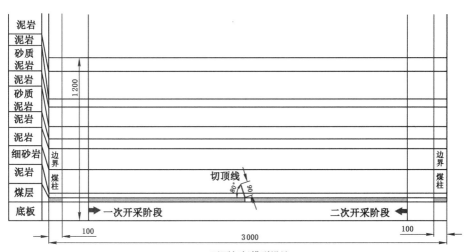

(a) 平面相似模型设计

图 2-2 平面相似模型

(b) 平面相似实验

图 2-2 （续）

切顶巷道布置在平面模型中部。煤层开采分两个阶段完成：第一阶段由切顶侧工作面开采至巷帮，预留 100 mm 边界煤柱，每 2 h 开采煤层 5 cm；第二阶段为待第一阶段完成后，滞后 7 d 由下一工作面边界向巷道方向开采，预留 100 mm 边界煤柱，每 2 h 开采煤层 5 cm，开采至距巷帮 5 cm。

③ 监测方法。煤层开采期间，为获得顶板位移及支承应力变化规律，在模型表面布置 6 条位移测线，测线分别距离煤层顶板：测线 I-10 cm、测线 II-90 cm、测线 III-190 cm、测线 IV-290 cm、测线 V-390 cm、测线 VI-490 cm。煤层顶板布置 3 条应力测线，分别距离煤层顶板 I-30 cm、II-130 cm、III-330 cm。平面模型位移及应力测点布置如图 2-3 所示。

实验过程中，采用 YJZA-32 型智能数字静态电阻应变仪对煤层开采期间应力变化进行连续监测。煤层顶板位移监测采用十字光标布置于模型表面，利用 Nikon-550D 相机对平面模型岩层位移进行监测，如图 2-4 所示，将开采期间采集的实验图像进行数据提取并进行位移解算。

2.1.2.3 实验步骤

① 清理、检查实验模型，确保实验模型系统可靠、加载系统稳定。

② 依据实验方案及材料配比，搅拌材料并铺设，人工夯实形成模拟岩层，铺设岩层时预埋应变片。

③ 岩层铺设期间，采用外裹密封膜的矩形木条预留巷道。

④ 采用塑料薄片及云母片预留切缝，采用保鲜膜及凡士林减小模型边界摩擦力。

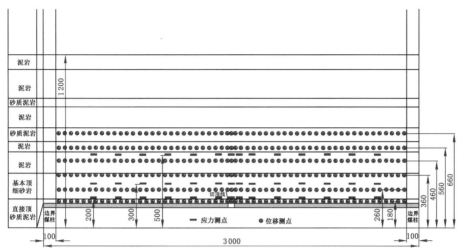

（a）平面模型位移及应力测点布置

（b）实验模型测点布置

图 2-3　平面模型位移及应力测点布置

⑤ 模型铺设期间紧固模型挡板,待模型铺设完成,自然晾干 7 d 后拆除挡板,继续自然晾干 14 d 后,准备开采。

⑥ 拆除巷道矩形木条,观测巷道顶板变形;稳定后,依据开采工艺分阶段完成煤层开采实验,开采期间记录并观测岩层位移及岩层结构变化。

⑦ 采集应力变化、位移变化及岩层结构变化图像和数据。

⑧ 整理实验数据,拆除监测仪器,完成实验。

图 2-4　实验监测设备

2.1.2.4　平面相似模拟合理性说明

模拟巷道及采场实际为三维空间,无煤柱切顶巷道由掘进至开采完成需经历掘进阶段、预裂切顶阶段、一次采动超前影响阶段、一次采动留巷影响阶段、留巷稳定阶段及二次采动影响阶段。本书重点研究无巷旁充填切顶巷道在工作面回采期间顶板力学结构及变形规律。在实际生产过程中,预裂切顶在巷道形成后或至少超前工作面采动影响范围进行,由于相似平面实验巷道预裂切顶采用预留切缝方式代替,因此将预裂切顶阶段合并至一次采动超前影响阶段进行统一描述。

通过表 2-2 的对比分析可知,平面应力相似模拟能够对三维空间巷道进行模拟实验研究,且具有合理性。

表 2-2　不同开采阶段的模拟方法

巷道实际经历的开采阶段	平面应力模型模拟方法
掘进阶段	平面模型铺设期间,使用矩形木条预留方法形成巷道,采用塑料薄片预留作为顶板切缝,待模型自然晾干完成后,抽出矩形木条至巷道变形稳定后即可表示掘进阶段
一次采动超前影响阶段	由巷道切顶侧模型边界,依据时间相似比及几何相似比开采,模拟实际每天工作面推进距离,煤层开采至采动应力变化超过初始应力 5％时,即认为巷道置于一次采动影响范围内直至切顶侧煤层开采完成

表 2-2(续)

巷道实际经历的开采阶段	平面应力模型模拟方法
一次采动留巷影响阶段	巷道切顶一侧煤层开采完成后,由于上覆岩层仍处于活动期间,覆岩的运动仍影响巷道顶板力学结构形成、应力及位移变化,因此切顶一侧开采完成后,置模型于静态,至顶板活动稳定阶段为一次采动留巷影响阶段
留巷稳定阶段	一次采动影响稳定后至二次采动影响前均为留巷稳定阶段
二次采动影响阶段	巷道实体煤侧由模型边界开采至巷帮,巷道顶板应力变化幅度超过 5% 的阶段均为二次采动超前影响阶段

2.1.3 切顶留巷顶板结构演化特征

为了方便描述,将实验期间涉及的参数度量单位按照几何相似比转换为实际参数度量单位。

2.1.3.1 一次开采阶段直接顶垮落特征

实验期间直接顶为厚度为 3 m 的泥岩。煤层开采后,直接顶的空间层位决定了其首先发生垮落。直接顶首次断裂垮落后,随着煤层开采的进行,直接顶呈周期性垮落,直接顶周期性断裂垮落前,由于煤层支撑及直接顶固有的承载能力作用,直接顶呈悬臂梁结构,悬顶长度为 15 m,如图 2-5(a)、(b)所示。直接顶断裂下沉,给予上覆基本顶岩层旋转断裂下沉空间,当直接顶悬顶 15 m 时,基本顶产生横向及竖向裂隙,并扩展至直接顶,如图 2-5(c)、(d)所示。

随着直接顶周期性断裂垮落,煤层上覆顶板下沉空间增大,岩层断裂步距的竖向裂隙逐渐向上发育。直接顶在周期性断裂垮落期间,不能形成砌体梁的承载结构。工作面开采期间,直接顶的周期性断裂垮落为基本顶形成承载结构提供了垫层条件,基本顶承载结构承担了覆岩的支承应力,为直接顶的悬臂结构提供了条件,如图 2-5(e)所示。

预留切缝削弱了巷道顶板与采空区顶板的物理力学联系。当工作面开采至巷道切顶侧巷帮时,由于切缝的存在,直接顶沿切顶面发生垮落,垮落后的岩体与切顶线上方的覆岩之间存在明显的自由空间,此时巷道直接顶一侧位于实体煤深部,另一侧位于切顶线上方,形成给定变形的悬臂结构,如图 2-5(f)所示。

2.1.3.2 二次开采阶段直接顶垮落特征

实验期间工作面一次采动完成后,滞后 7 d 开采切顶巷道下一工作面,即进入二次开采阶段。工作面开采至 30 m 时,如图 2-6(a)所示,直接顶发生初次垮落,随着工作面开采直接顶悬顶长度达 15 m 时发生周期性垮落,如图 2-6(b)所示。

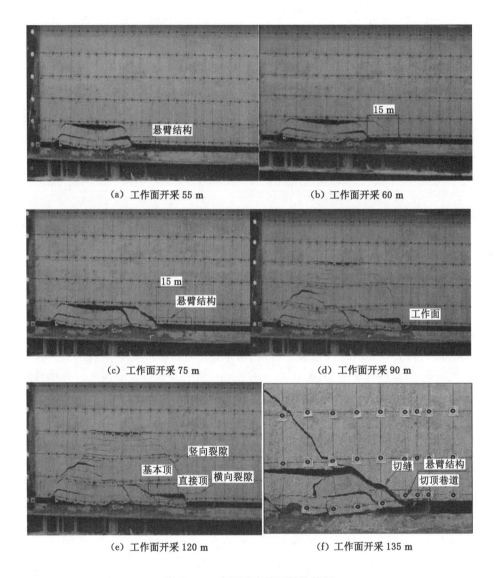

（a）工作面开采 55 m   （b）工作面开采 60 m

（c）工作面开采 75 m   （d）工作面开采 90 m

（e）工作面开采 120 m   （f）工作面开采 135 m

图 2-5　一次开采直接顶结构特征

　　直接顶的悬臂结构的稳定性取决于上覆岩层在工作面开采期间形成的承载结构稳定性，如图 2-6（c）所示。二次开采阶段，为了能够获得切顶与常规沿空留巷顶板结构特征，预留 5 m 煤柱不开采，如图 2-6（d）所示。一次开采阶段直接顶沿切顶线发生断裂垮落，巷道直接顶呈悬臂梁结构，悬臂长度距离实体煤巷帮 5 m。二次开采阶段，直接顶不能沿巷道顶板边界发生断裂垮落，悬顶长度距离终采工作面 15 m。对比切顶巷道两侧顶板悬臂长度可知,切顶可缩短巷道基本顶悬臂长度,减小距离可达 10 m。

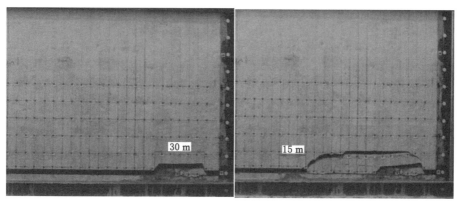

（a）二次开采阶段直接顶初次垮落　　　　　（b）二次开采阶段直接顶垮落步距

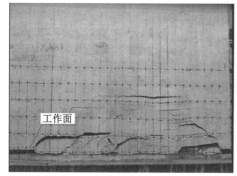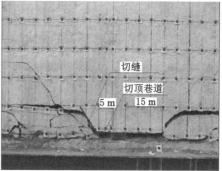

（c）二次开采阶段覆岩垮落形态　　　　　（d）二次开采阶段巷道侧向顶板结构

图 2-6　二次开采阶段直接顶结构特征

随着二次开采进行,巷道直接顶呈弯曲变形直至与采空区垮落岩体接触,实体煤侧顶板岩层未发生断裂。

2.1.3.3　切顶留巷基本顶结构演化特征

（1）一次开采阶段基本顶结构特征

切顶巷道基本顶的运动状态决定巷道顶板的运动状态,预裂爆破相当于在巷道基本顶与采空区基本顶之间沿切顶线形成切缝。爆破后,在采动应力及覆岩重力作用下,巷道基本顶与采空区基本顶之间沿切缝面相互压实,此时预裂切缝对基本顶的作用为削弱巷道基本顶与采空区基本顶之间的力学联系,此阶段巷道基本顶受实体煤支撑,处于稳定状态。随着工作面的开采,巷道顶板在覆岩支承应力及自重力作用下,沿切缝面首先发生断裂,如图 2-7 所示,断裂后的基本顶随直接顶向采空区垮落,巷道基本顶与采空区垮落基本顶之间存在自由空间,使得巷道基本顶呈一端固支一端自由的悬臂结构。

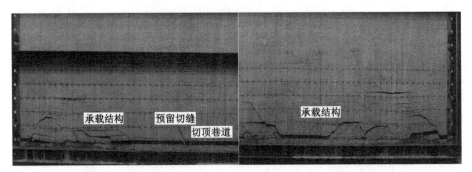

(a) 一次开采期间基本顶结构　　　　(b) 二次开采期间基本顶结构

图 2-7　煤层开采期间基本顶结构特征

(2) 二次开采阶段基本顶结构特征

预裂切缝的存在使得基本顶沿切缝面发生断裂垮落,缩短了巷道基本顶悬臂长度,如图 2-8 所示,切顶侧巷道基本顶悬臂长度为 7 m,二次开采阶段,预留煤柱基本顶悬臂长度为 17.5 m。悬臂长度越短则基本顶内拉应力越小,基本顶越不易发生断裂下沉等强矿压显现,基本顶能够保持阶段性稳定直至形成稳定的承载结构。

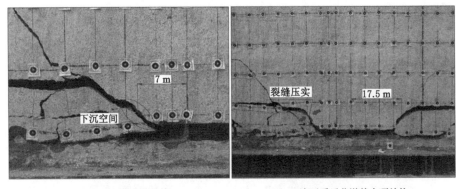

(a) 切顶侧基本顶结构　　　　(b) 二次开采后巷道基本顶结构

图 2-8　预裂切缝巷道基本顶结构特征

二次开采阶段,基本顶在采动应力作用下,从自由端向采空区方向下沉。当巷道基本顶与采空区基本顶接触并压实,此时基本顶为实体煤一侧为固支、采空区一侧受垮落岩体支撑的悬臂结构。

（3）切顶留巷顶板卸压规律

在工作面开采期间，切顶巷道直接顶与基本顶的结构为一端固支一端自由或受支撑力的悬臂结构。

悬臂长度的大小决定了岩层拉应力及煤柱支承应力的大小。实验期间采用的预留切缝能够有效缩短巷道顶板悬顶长度，降低顶板岩层内的拉应力，减缓顶板发生断裂垮落的矿压显现；同时切顶巷道顶板悬臂长度的缩短，使得传递给巷帮煤柱上方的支承应力峰值随之减小，能够起到优化巷道顶板应力环境的作用。

2.2　切顶留巷顶板位移及应力分布

2.2.1　顶板变形规律

实验期间将拍摄的图像信息，经对比提取位移信息，得出距煤层顶板 1 m（直接顶）、9 m（基本顶）及 19 m 层位位移变化曲线，如图 2-9 所示。

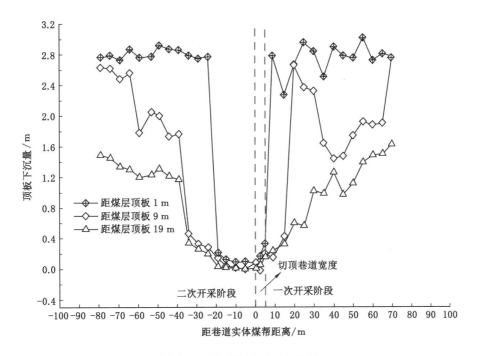

图 2-9　巷道顶板位移变化曲线

① 距离煤层顶板 1 m 的直接顶在煤层开采期间下沉垮落特征最为明显。切顶作用使得巷道顶板沿边界切顶线发生垮落下沉,巷道顶板呈悬臂梁结构,在自重及上覆岩层重力作用下,切顶巷道顶板呈现明显弯曲下沉,最大下沉量为 0.38 m。

② 距离煤层顶板 1 m 及 9 m 的位移测线均布置在切顶岩层范围内,因此煤层开采至预留切缝处时,直接顶及基本顶发生断裂垮落,直接顶最大下沉量为 2.78 m,基本顶最大下沉量为 2.65 m。随后直接顶的下沉量随深入采空区距离的增大而趋于稳定,切顶侧基本顶沿切顶线断裂后,深入采空区 20~35 m 的范围内基本顶下沉量出现减小趋势,随后在采空区垮落岩块压实作用下顶板下沉量逐渐增大并趋于稳定。

③ 距离煤层顶板 19 m 的位移测线布置在未切顶的覆岩层内,岩层在切顶侧及实体煤侧下沉量呈对称分布,巷道两侧切顶线上方岩层断裂下沉规律相似。

④ 二次开采阶段,巷道侧向直接顶与基本顶断裂下沉位置呈不同步特征,基本顶的断裂位置滞后于直接顶断裂位置约 5 m,随着深入采空区的距离增大,基本顶下沉量持续增大,深入采空区 80 m 时,最大下沉量为 2.6 m。

⑤ 煤层开采期间切顶侧直接顶与基本顶下沉量变化幅度大,顶板下沉至稳定时间短,因此受采动应力扰动时间短,有利于顶板稳定控制。实体煤侧直接顶与基本顶下沉量变化幅度小,变化稳定时间长,受采动应力扰动时间长,不利于顶板稳定控制。

2.2.2 顶板应力分布

巷道两侧煤层分别开采期间,为监测切顶线对巷道顶板应力变化的影响,分别统计巷道顶板 3 m(测线 Ⅰ)及 13 m(测线 Ⅱ)处切顶线两侧应变片监测的应变值变化,以反映巷道顶板应力变化规律,如图 2-10 所示。

① 一次开采阶段,巷道顶板 3 m 处应变片分别位于切顶线两侧。随着工作面的开采,巷道顶板应力变化曲线整体平缓,呈波动性起伏变化,起伏变化范围小。一次开采阶段,当煤层开采至切顶线时,采空区侧直接顶沿切顶线发生垮落,切顶侧直接顶应力随着岩层垮落发生下降突变。

② 巷道顶板沿切顶线发生断裂垮落,切断了巷道顶板与采空区顶板之间的力学约束,巷道直接顶切顶线右侧应变随着顶板垮落,顶板应力随之发生下降突变,切顶线左侧直接顶应变明显小于切顶线右侧直接顶应变。

③ 巷道顶板 13 m 层位应变片位于切顶线上部,一次开采阶段,预裂切缝的存在对 13 m 层位顶板应力值变化影响小,应力变化起伏范围小。

④ 二次开采阶段,巷道顶板不同层位应力值呈现出先减小后增大、再趋于稳定的变化趋势,这与煤层开采期间顶板岩层的周期性垮落及采空区垮落岩层

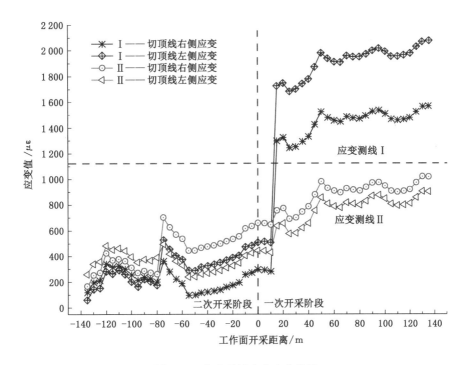

图 2-10　巷道顶板应力变化曲线

压实特征变化一致。

2.3　切顶留巷顶板稳定控制关键问题

相似模拟实验仅针对一组切顶参数条件,实验分析了巷道直接顶与基本顶的结构特征、巷道顶板位移及应力变化规律。以下问题还需要进一步研究:a. 实验证明了采用切顶工艺能够对留巷期间顶板起到卸压作用,然而针对不同切顶参数条件下的顶板卸压效应还需要进一步研究。b. 实验能够定性分析巷道顶板变形及应力分布,可作为顶板变形机理分析的实验验证方法,但不能对顶板变形机理进行表达。c. 实验能够得到切顶留巷全周期结构演化特征,但不能获得巷道顶板支护机理。因此,在通过相似模拟实验研究切顶留巷顶板结构特征的基础上,需进一步对顶板稳定控制存在的关键问题进行研究,关键问题如下:

① 切顶留巷顶板卸压爆破参数。无巷旁充填切顶沿空留巷的工艺技术核心为采用预裂爆破技术对巷道边界处顶板进行切断,起到卸压、优化巷道顶板应力环境的作用,充分发挥巷道顶板自承载能力。

研究确定炮孔布置方式、装药长度、炮孔间距对顶板成缝与稳定的影响规律,可为切顶留巷顶板预裂爆破工艺技术及巷道顶板稳定性控制提供重要依据。

切顶参数中切顶深度及切顶角度是决定留巷期间巷道顶板应力环境优化及减小巷道顶板下沉量的关键因素,不同的切顶深度及切顶角度所引起的卸压效应不同;通过数值模拟方法,研究不同切顶参数条件下顶板应力分布及下沉量变化,可分析确定最优切顶深度及切顶角度,为留巷期间巷道顶板控制提供基础条件。

② 顶板成缝与稳定机理。切顶留巷期间超前工作面实施预裂爆破,爆破主要作用在于切断巷道顶板与采空区顶板之间的物理力学联系,基本顶预裂爆破是动静耦合作用过程,动静耦合作用下既要保证基本顶炮孔连线间形成贯通裂缝,达到切顶效果,同时还要保证巷道基本顶稳定,装药长度与炮孔间距是决定性因素。

基于应力波衰减计算表达式及动静耦合作用下基本顶受力特征,分别获得基本顶成缝与稳定机理表达式,并以此建立基本顶成缝与稳定判据,获得基本顶成缝时装药长度与炮孔间距之间的量化关系,以及基本顶稳定时装药长度与炮孔间距的量化关系。

③ 切顶留巷全周期变形机理。无煤柱切顶留巷服务于两个相邻工作面,相较于常规回采巷道其使用周期长,巷道基本顶的运动状态决定了直接顶的运动状态,直接顶的变形能够直接反映巷道顶板变形。以切顶巷道直接顶为研究对象,基于相似模拟研究确定的直接顶结构及受力特征,建立切顶留巷直接顶全周期力学模型,获得巷道直接顶变形表达式,分析巷道直接顶变形与临时支护体支护刚度、支护位置的量化关系,为巷道顶板支护提供重要依据。

④ 切顶留巷顶板协同支护机理。工程实践中,切顶巷道留巷期间顶板下沉变形呈现由实体煤帮向采空区侧逐渐增大的特征,巷道直接顶与基本顶在弯曲下沉过程中,在层间接触面产生剪应力。当锚杆杆体抗剪强度与层间摩擦力不能抵抗层间剪应力时,则锚杆支护不能控制直接顶与基本顶层间错动变形,甚至会发生锚杆剪断、锚杆支护失效等失稳结果。以直接顶与基本顶为研究对象,建立直接顶与基本顶力学模型,获得巷道顶板变形与巷内支护参数的量化关系,可为切顶留巷顶板支护设计提供重要理论依据。

2.4 本章小结

切顶留巷在使用期间需经历一次开采及二次开采影响,在岩层自重及采动应力作用下,切顶巷道顶板结构特征不同于常规沿空留巷巷道顶板结构特征,本

章以祁东煤矿7135工作面为工程背景,开展切顶巷道顶板结构相似模拟研究,得到具体结论如下:

① 基于切顶巷道直接顶与基本顶全周期结构特征,预留切缝显著缩短了巷道直接顶与基本顶的悬顶长度,缩短距离为10 m;切顶巷道直接顶与基本顶在全周期使用期间呈悬臂结构。

② 采用预留切缝工艺能够起到顶板卸压作用,切顶巷道直接顶与基本顶下沉量变化幅度大、变化稳定时间短,可加快顶板下沉至稳定速度,缩短巷道受附加应力扰动的时间。

③ 根据相似模拟实验结果,提出了切顶留巷顶板稳定控制的关键问题,分别为卸压爆破参数、切顶留巷顶板成缝与稳定机理、切顶留巷顶板全周期变形机理、切顶留巷顶板协同支护机理。

3 切顶留巷顶板卸压爆破参数研究

切顶留巷核心技术工艺为超前工作面实施预裂爆破,切断采空区顶板与巷道顶板之间的物理力学联系,既要确保顶板切得开,实现卸压效果,又要保证巷道顶板的完整性,利于顶板控制。在第 2 章的研究基础上,本章以祁东煤矿7135 工作面回风巷为工程背景,采用 LS-DYNA 和 FLAC3D 数值模拟软件分别针对不同爆破参数和切顶参数对顶板成缝与卸压的影响开展研究,以岩层裂纹扩展及应力分布作为指标分析不同爆破参数下的成缝效果,以顶板下沉变形和应力分布作为主要指标分析不同切顶参数下的卸压规律,获得爆破最优切顶参数及切顶留巷在不同阶段的变形与应力分布规律。

3.1 预裂爆破成缝参数

3.1.1 LS-DYNA 模型建立

炮孔间距和炸药量是影响切顶留巷成缝的关键因素,炮孔间距过小或炸药量过多都会使爆破能量过大,导致炮孔周围岩石破碎,影响巷道顶板的完整性,不利于顶板维护;反之,则无法使炮孔之间形成贯通裂纹,影响切顶爆破成缝效果。利用 LS-DYNA 数值模拟软件分别改变线装药密度和炮孔参数,模拟分析祁东煤矿 7135 工作面回风巷预裂爆破阶段顶板裂纹扩展规律,本书中采用的平面模拟模型,为体现爆破钻孔单位长度装药量,采用线装药密度参数。建立的计算模型如图 3-1 所示,模型中炮孔周边介质材料由岩石、不耦合空间、空气、PVC管、炸药构成。

数值模拟中涉及的炸药、空气、PVC 管及岩石,采用 ALE 方法处理流体与固体之间的耦合关系,关键字为"∗CONSTRAINED_LAGRANGE_IN_SOLID"。

由于爆破作用下的岩石具有大变形、高应变率等特点,选用随动模型"∗MAT_PLASTIC_KINEMATIC"模拟岩体在爆破环境下的动力学响应,岩石材料及节理裂隙材料参数见表 3-1。

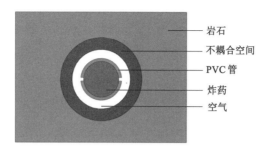

岩石
不耦合空间
PVC 管
炸药
空气

图 3-1 计算模型

表 3-1 岩石材料及节理裂隙材料参数

名称	密度 ρ /(g/cm³)	杨氏模量 /GPa	泊松比 μ	屈服强度 /MPa	切线模量 /GPa	抗压强度 /MPa	抗拉强度 /GPa	硬化系数	应变率参数 C	应变率参数 p
岩体	2.7	20.7	0.225	150	15.4	150	4.2	0.6	2.63	3.96
节理	2.40	14.0	0.330	40	7.5	/	1	0.6	/	/

为准确模拟爆破裂纹扩展效果,还需要给定炸药的 JWL 状态方程,其关键字为"＊MAT_HIGH_EXPLOSIVE_BURN"。此状态方程用来表示爆炸过程中的压力与体积的变化,其表达式如下:

$$p = A\left(1 - \frac{\omega}{R_1 V}\right)e^{R_1 V} + B\left(1 - \frac{\omega}{R_2 V}\right)e^{R_2 V} + \frac{\omega E}{V} \tag{3-1}$$

式中,p 为爆轰波压力,Pa;V 为初始相对体积,m³;A,B,ω,R_1,R_2,E 为高能炸药爆炸相关参数,一般通过实验进行确定,如表 3-2 所示。

表 3-2 为煤矿许用水胶炸药的相关参数。

表 3-2 煤矿许用水胶炸药相关参数

线装药密度 ρ_e /(g/cm)	爆速 D /(m/s)	爆压 p_{cJ} /GPa	A/GPa	B/GPa	R_1	R_2	ω	E /(J/cm³)
1.1	3 800	3.5	214.4	0.182	4.2	0.9	0.15	4.192

预裂爆破中不耦合介质为空气,它可以视为一种流体介质,LS-DYNA 中采用关键字"＊MAT_NULL"作为流体材料的模型。对于空气的状态方程,采用线性多项式方程进行描述,其表达式为:

$$p = C_0 + C_1\mu + C_2\mu^2 + C_3\mu^3 + (C_1 + C_5\mu + C_6\mu^2)E \tag{3-2}$$

一般来说,描述空气等气体时,采用 γ 函数状态方程进行气体状态方程的描述,其中,$C_0 = C_1 = C_2 = C_3 = C_6 = 0$,$C_4 = C_5 = \gamma - 1$,$\gamma$ 为比热比,$\gamma = c_p/c$,c_p 为比定压热容,c_V 为比定容热容。

理想气体的压力可通过式(3-3)描述:

$$p = (\gamma - 1)\left(\frac{\rho}{\rho_0}E\right) \tag{3-3}$$

式中,E 为物质内能,GPa;ρ/ρ_0 为爆炸后与爆炸前空气的密度比,J/(kg·K)。

空气参数见表 3-3。

表 3-3　空气参数

C_0	C_1	C_2	C_3	C_4	C_5	C_6	E/GPa
0	0	0	0	0.4	0.4	0	0

3.1.2　模拟结果分析

3.1.2.1　不同孔间距的裂纹扩展规律

为获得不同炮孔间距条件下炮孔间裂纹扩展规律,衡量顶板成缝效果,设定爆破方式为聚能爆破。为对比分析炮孔间距分别为 400 mm、600 mm 和 800 mm 时炮孔间裂纹扩展规律,线装药密度选择 1.1 g/cm,裂纹扩展规律如图 3-2~图 3-4 所示。

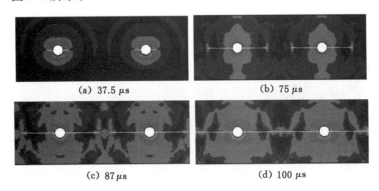

(a) 37.5 μs　　　　　　　　(b) 75 μs

(c) 87 μs　　　　　　　　(d) 100 μs

图 3-2　炮孔间距 400 mm 裂纹扩展

当炮孔间距分别为 400 mm、600 mm 时,爆破发生后裂纹沿聚能方向扩展,裂纹尖端存在应力集中,两炮孔间距分别在爆炸发生 100 μs 及 300 μs 时,两炮孔间形成贯通裂纹;当炮孔间距为 800 mm 时,爆破发生 400 μs 时,裂纹沿两炮

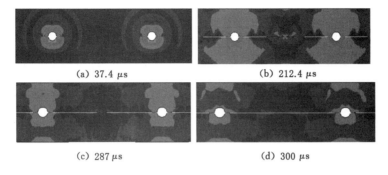

(a) 37.4 μs　　　　　　　　　(b) 212.4 μs

(c) 287 μs　　　　　　　　　(d) 300 μs

图 3-3　炮孔间距 600 mm 裂纹扩展

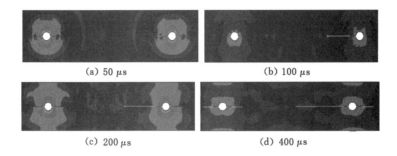

(a) 50 μs　　　　　　　　　(b) 100 μs

(c) 200 μs　　　　　　　　　(d) 400 μs

图 3-4　炮孔间距 800 mm 裂纹扩展

孔连线扩展,但由于能量耗散作用,炮孔间不能形成贯通裂纹。爆破裂纹在聚能方向呈线性扩展,在非聚能方向炮孔周边无裂纹扩展。对比研究表明,采用聚能爆破,炮孔间距为 400 mm、600 mm 时,预裂爆破能够达到成缝效果,当炮孔间距为 800 mm 时,则不能使顶板沿切顶线形成贯通裂纹。工程实践中,一般可选择能够形成贯通裂纹的最大炮孔间距。

3.1.2.2　不同爆破方式裂纹扩展规律

工程实践中,一般选用能够达到切缝效果的最大炮孔间距作为爆破参数,当炮孔间距为 600 mm 时,采用非聚能爆破,裂纹扩展如图 3-5 所示。

在爆炸发生 100~400 μs 时,沿炮孔连线及垂直连线方向炮孔周边裂纹呈"X"型扩展,垂直炮孔连线裂纹易破坏顶板的完整性,不利于顶板控制。在爆破发生 400 μs 时,非聚能爆破使得爆炸能量在保留岩体方向产生耗散,炮孔连线间不能形成贯通裂纹,对比图 3-3 及图 3-5 可知,同等线装药密度及炮孔间距条件下,聚能爆破能够使得炮孔连线产生贯通裂纹,且能保留岩体完整性。由此可知,聚能爆破是实现巷道顶板沿炮孔连线成缝与保证巷道顶板完整性的有效途

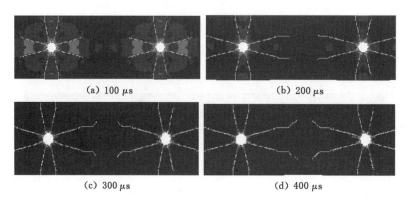

(a) 100 μs (b) 200 μs

(c) 300 μs (d) 400 μs

图 3-5　非聚能爆破裂纹扩展

径。工程实践中,一般可选择聚能爆破,以实现爆破切顶效果。

3.1.2.3　不同炮孔间距爆破应力分布规律

监测聚能爆破不同炮孔间距相邻炮孔连线中点随时间的应力变化,结果如图 3-6 所示。LS-DYNA 数值模拟软件中规定,压应力为正,拉应力为负。由此可知:不同炮孔间距,两炮孔连线中点均呈现拉应力与压应力交替作用,当炮孔间距为 400 mm 时,炮孔连线中点的拉、压交替作用最明显;当炮孔间距为 600 mm 时,拉应力作用时间比压应力作用时间长,且爆破作用时间内,最大压应力与拉应力峰值均比炮孔间距 400 mm 时大;当炮孔间距为 800 mm 时,炮孔连线中点拉、压交替变换应力值叠加数值较小,拉、压交替作用强度较小,主要表现为不能在炮孔连线中点形成裂纹。

3.1.2.4　不同装药密度裂纹扩展规律

当炮孔间距为 600 mm 时,线装药密度增加至 1.5 g/cm,爆炸发生不同时间内,炮孔裂纹扩展如图 3-7 所示。由图可见,当爆炸发生 100 μs,保留岩体裂纹扩展明显;当爆炸发生 137 μs 时,两炮孔连线间形成贯通裂纹,垂直炮孔连线方向岩体同样产生破坏裂纹。超前预裂爆破切顶时,同一炮孔间距条件下,增大线装药密度虽能够达到切缝效果,同时也破坏了巷道顶板的完整性,不利于顶板控制。工程实践中,一般可选择能够实现切顶成缝的最小装药量,即同等药卷条件下的最小装药长度。

将不同炮孔间距、爆破方式、线装药密度条件下的爆破效果进行统计分析,得到如表 3-4 所示结果。从表中可以看出,对于超前预裂爆破切顶,聚能爆破是保证巷道顶板沿炮孔连线方向成缝与巷道顶板稳定的有效途径,巷道顶板成缝与炮孔间距及线装药密度存在相互联系,巷道顶板的完整性与炮孔间距及线装药密度同样存在相互联系。

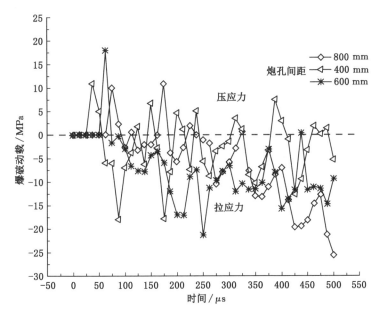

图 3-6 相邻炮孔连线中点随时间的应力变化

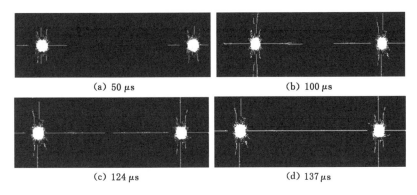

(a) 50 μs

(b) 100 μs

(c) 124 μs

(d) 137 μs

图 3-7 增大线装药密度炮孔裂纹扩展

表 3-4 预裂爆破效果统计表

模型序号	炮孔间距/mm	孔径/mm	药卷直径/mm	不耦合系数 K_ψ	线装药密度/(g/cm)	爆破方式	预裂效果分析
1-1	400	50	35	1.43	1.1	聚能	药量合适,保留岩体破坏小,形成贯通裂纹,效果好
1-2	600	50	35	1.43	1.1	聚能	药量合适,形成贯通裂纹,效果好

表 3-4(续)

模型序号	炮孔间距/mm	孔径/mm	药卷直径/mm	不耦合系数 K_ψ	线装药密度/(g/cm)	爆破方式	预裂效果分析
1-3	800	50	35	1.43	1.1	聚能	保留岩体破坏小,未形成贯通裂纹,效果差,不合格
2-2	600	50	35	1.43	1.5	聚能	药量大,保留岩体破坏大,形成贯通裂纹,不合格
3-2	600	50	35	1.43	1.1	非聚能	保留岩体破坏大,未形成贯通裂纹,不合格

3.2 切顶卸压参数

3.2.1 切顶留巷模型建立

依据祁东煤矿 7135 工作面煤层及顶底板岩层赋存条件建立数值计算模型,模型的尺寸为长 200 m、宽 105 m、高 70 m,如图 3-8 所示。煤层的开采高度为 3.3 m,一次性采全高,顶板岩层厚度为 44.7 m,底板岩层厚度为 22 m。工作面的回采宽度为 100 m,为节约计算量,建模时取一半的回采宽度(50 m)进行开采运算。回采时在回风巷实施沿空留巷,回风巷道的断面尺寸分别为宽度×高度= 5.0 m×3.3 m。

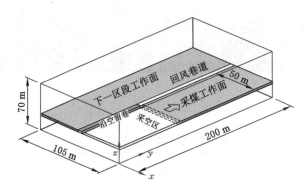

(a) 三维模型几何尺寸

图 3-8 切顶留巷数值计算模型

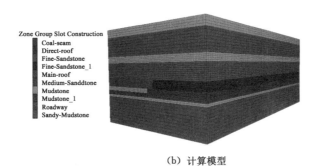

(b) 计算模型

图 3-8 （续）

3.2.2 模型参数

数值模型中各岩层均采用实体单元,巷道单体支护采用 Beam 结构元,锚杆及锚索支护采用 Cable 结构元,如图 3-9 所示。采用莫尔-库仑本构模型进行数值分析,各岩层及支护结构的物理力学参数见表 3-5～表 3-9。为了更真实地反映切缝后的接触效果,分析中在切缝处设置 Interface 结构元,并通过给结构元赋予法向刚度和剪切刚度参数模拟切缝后的巷道顶板位移及应力变化。

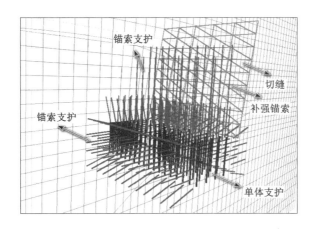

图 3-9 数值计算支护结构

表 3-5　数值模型各岩层厚度

岩层名称	分层厚度 /m	重度 /(kN/m³)	体积模量 /GPa	剪切模量 /GPa	内摩擦角 /(°)	黏聚力 /MPa	抗拉强度 /MPa
泥岩	6	24	2.88	1.53	26	1.17	1.3
细砂岩	14	26	10.35	7.74	36	3.15	4.2
泥岩	5	24	2.88	1.53	26	1.17	1.3
砂质泥岩	11	25	3.6	1.89	29	1.35	2.1
细砂岩	6	26	10.35	7.74	36	3.15	4.2
砂质泥岩	2.7	25	3.6	1.89	29	1.35	2.1
煤层	3.3	14	1.35	0.63	23	0.72	0.14
泥岩	2	24	2.88	1.53	26	1.17	1.3
中砂岩	20	26	9.38	6.54	34	3.13	3.4

表 3-6　锚杆单元物理力学指标

结构名称	重度 γ /(kN/m³)	弹模 E /GPa	黏结强度 /m	黏结刚度 /m	抗拉力	黏结周长	横截面积 /m²
锚杆	78	45	$2×10^6$	$1.75×10^9$	$2×10^6$	0.47	$3.2×10^{-4}$

表 3-7　结构面单元物理力学指标

结构名称	剪切刚度/m	法向刚度/m	泊松比	内摩擦角/(°)
结构面	$1×10^8$	$2×10^6$	0.25	15

表 3-8　壳单元物理力学指标

结构名称	重度 γ/(kN/m³)	弹性模量 E/GPa	泊松比	厚度/m
壳单元	25	105	0.25	0.5

表 3-9　梁单元物理力学指标

结构名称	重度 γ /(kN/m³)	弹性模量 E /GPa	泊松比	横截面积 /m²	z 轴惯性矩 /m⁴	y 轴惯性矩 /m⁴
梁	78	120	0.3	$1.44×10^{-2}$	$8.75×10^{-4}$	$8.75×10^{-4}$

3.3 切顶参数对卸压效应影响

3.3.1 切顶深度的卸压效应

切顶参数会影响留巷顶板悬臂结构和采空区覆岩结构,从而影响巷道顶板变形及应力分布。最大主应力反映了顶板卸压程度,最大主应力越大,说明卸压程度越低,反之,则卸压程度越高。本节研究切顶深度对留巷顶板的卸压效应,保持切顶角度不变,改变切顶深度,研究不同切顶深度条件下,巷道顶板沿走向、倾向变形规律,以及最大、最小主应力分布规律,获得卸压效应最合理的切顶深度。

本书根据祁东煤矿 7135 工作面回风巷工程条件,工作面平均埋深为 520 m,控制切顶角度 10°不变,切顶深度分别设置为 7 m、9 m、11 m,数值模拟模型由 20 m 开采至 120 m,分 5 次完成,每次开采 20 m,累计开采 100 m。FLAC3D 软件中规定应力数值"一"表示压应力,"+"表示拉应力,因此在分析最大主应力与最小主应力大小时,均以绝对值大小进行比较。

3.3.1.1 巷道顶板最大主应力分布规律

(1)巷道走向最大主应力变化规律

当工作面开采 100 m 时,沿工作面走向方向巷道顶板最大主应力分布曲线如图 3-10 所示,图中横坐标 0 点处为工作面位置,横坐标负值表示工作面后方,横坐标正值表示工作面前方。由图可知,距离巷道顶板 6 m 和 15 m 沿走向最大主应力变化趋势相近,工作面后方 60 m 留巷范围最大主应力小,卸压程度高,工作面前方最大主应力在工作面处发生突变,工作面前方最大主应力呈现增加—缓慢降低—趋于稳定的变化趋势,在工作面前方 20 m 范围内为最大主应力增长范围,处在采动应力影响范围。

对比图 3-10(a)、(b)可知,随着距巷道顶板距离的增大,不同切顶深度卸压效果不同,工作面后方 60 m 范围内巷道顶板不同层位最大主应力呈增大趋势。巷道顶板 6 m 层位不同切顶深度的卸压效果相近,当距离巷道顶板 15 m 时,切顶深度为 9 m 时,留巷期间的卸压效果最优,留巷期间巷道顶板 15 m 层位最大主应力比 6 m 层位大 3.4~4.2 MPa。

(2)巷道倾向最大主应力变化规律

巷道顶板最大主应力分布曲线如图 3-11、图 3-12 所示,横坐标 50~55 m 为巷道宽度。

由图 3-11 可知,切顶深度为 9 m 时,距离巷道顶板 3 m 层位(直接顶)卸

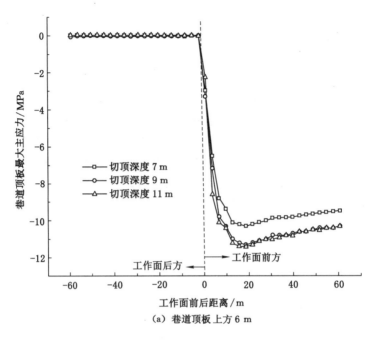

（a）巷道顶板上方 6 m

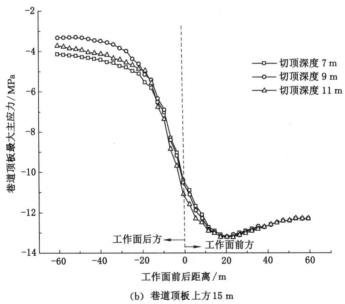

（b）巷道顶板上方 15 m

图 3-10　巷道顶板最大主应力变化曲线

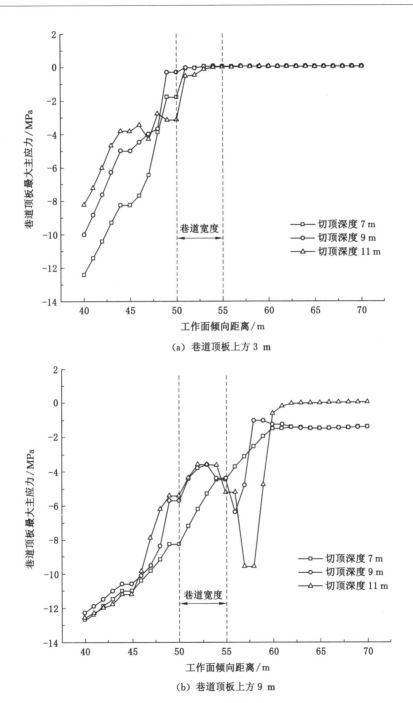

（a）巷道顶板上方 3 m

（b）巷道顶板上方 9 m

图 3-11　工作面后方 10 m 巷道顶板最大主应力变化曲线

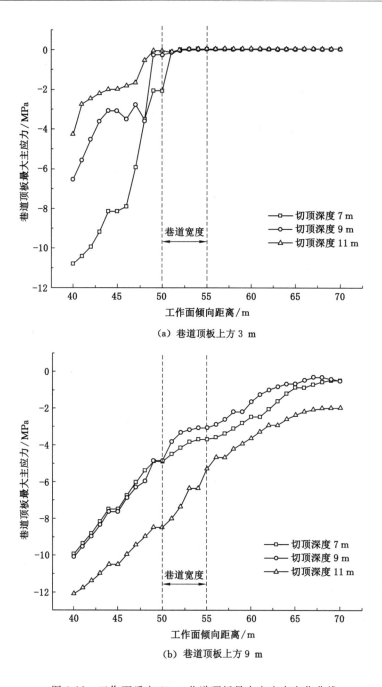

（a）巷道顶板上方 3 m

（b）巷道顶板上方 9 m

图 3-12　工作面后方 60 m 巷道顶板最大主应力变化曲线

压效果最优,距离巷道顶板 9 m 层位(基本顶)切顶深度 9 m、11 m 卸压效果接近,但小于切顶深度 7 m 的卸压效果。工作面后方 10 m,随着煤层顶板层位的上升,不同切顶深度对下一工作面实体煤顶板岩层最大主应力影响较小。

由图 3-12 可知,工作面后方 60 m,距离巷道顶板 3 m 的最大主应力随切顶深度在实体煤帮侧出现较大差异,切顶深度为 7 m 的最大主应力高于 9 m 和 11 m 切顶深度的最大主应力,表明留巷期间在下一工作面实体煤侧出现应力集中,并且当切顶深度为 7 m 时应力集中程度最大。巷道顶板上方 3 m 层位最大主应力均较小,最大主应力数值在 0~4 MPa,处于卸压状态,且切顶深度为 7 m 的卸压程度最低。

当巷道顶板深度达到基本顶上表面时,3 种切顶深度的最大主应力呈现切顶深度 9 m 时最小、切顶深度 11 m 时最大的规律,表明 9 m 的切顶深度使顶板出现了较大程度的卸压,有利于留巷阶段顶板稳定性控制。

对比图 3-10~图 3-12 可知,留巷稳定阶段,切顶深度为 9 m 时的卸压效果优于切顶深度 7 m 和 11 m 的卸压效果。

3.3.1.2 巷道顶板最小主应力分布规律

在 FLAC3D 数值模拟中,最小主应力能够反映采动应力集中程度,分析不同切顶深度顶板不同层位的最小主应力分布规律,以获得不同切顶深度的采动应力集中程度,进而分析不同切顶深度的卸压效应。沿工作面走向切顶巷道在不同切顶深度条件下,巷道顶板最小主应力分布曲线如图 3-13 所示。

距离巷道顶板 6 m 层位,切顶深度为 9 m 时的最小主应力在工作面后方最小,应力集中程度低,切顶深度为 7 m 时最小主应力最大,应力集中程度最高。超前工作面顶板最小主应力随切顶深度的变化不敏感,差值较小。

距离巷道顶板 15 m 层位,在工作面后方 20 m 范围内,切顶深度为 7 m 时的最小主应力最小,切顶深度 11 m 时的最小主应力最大。留巷阶段,切顶深度 9 m 时最小主应力最小。不同切顶深度对超前工作面最小主应力分布规律影响小。

对比不同切顶深度条件下,最大主应力和最小主应力分布规律可知,切顶深度选择 9 m 时,即切顶层位至基本顶上部界面,比切顶深度选择 7 m 和 11 m 时能起到更好的卸压效果,可降低巷道及两帮的应力集中程度。以祁东煤矿 7135 工作面为工程背景,可得当切顶深度为 9 m 时,卸压效果最好,更有利于巷道顶板稳定。

3.3.2 切顶角度的卸压效应

切顶角度是切顶卸压设计的重要参数之一,针对前文的研究结论,固定切顶

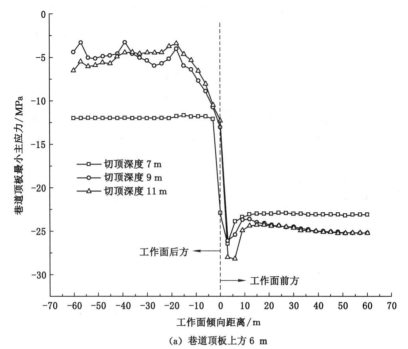

（a）巷道顶板上方 6 m

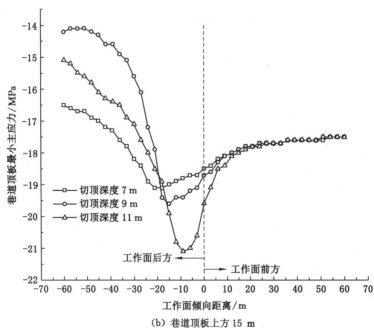

（b）巷道顶板上方 15 m

图 3-13　巷道顶板最小主应力变化曲线

深度为 9 m,增加切顶角度参数 70°和 90°,分析不同切顶角度下,顶板的卸压效应。

3.3.2.1　巷道顶板最大主应力分布规律

（1）巷道走向顶板最大主应力分布规律

由图 3-14 可知,不同切顶角度下,距离巷道顶板 6 m 层位的最大主应力变化范围小,切顶角度的影响不明显。距离巷道顶板 9 m 层位的最大主应力在工作面后方出现较大差异,当切顶角度为 80°时,工作面后方 30～60 m 范围为最大主应力为 3 MPa,小于切顶角度 70°时的最大主应力（3.8 MPa）和切顶角度 90°时的最大主应力（5.1 MPa）,卸压效果最明显。

工作面后方 60 m 巷道倾向最大主应力分布曲线如图 3-15 所示,巷道位置在 50～55 m。

不同切顶角度时,实体煤巷帮侧最大主应力较大,采空区侧最大主应力趋于 0,说明在下一工作面实体煤侧会出现应力集中,煤帮上方深部顶板应力集中程度大于浅部顶板,采空区侧充分卸压。在巷道顶板上方浅部（3 m）,不同切顶角度下顶板最大主应力大小分布相近,在巷道实体煤侧顶板,切顶角度为 90°时的卸压效果优于其他两种角度时的卸压效果。当切顶角度为 80°时,在巷道顶板上方深部（9 m）的最大主应力最小,卸压程度最高,易于巷道维护。综合以上分析结果可以发现,当切顶角度为 80°时顶板的卸压效果比切顶角度为 70°和 90°时顶板的卸压效果好。

3.3.2.2　巷道顶板最小主应力分布规律

（1）巷道走向顶板最小主应力分布规律

超前工作面范围内,不同切顶角度条件下巷道走向顶板最小主应力变化趋势相近,巷道顶板上方 3 m 层位较 9 m 层位出现的应力峰值及集中系数大,如图 3-16 所示。

工作面后方不同切顶深度条件下,巷道顶板不同层位出现的最小主应力值不同,巷道顶板上方 3 m 层位,切顶角度 80°及 90°对顶板最小应力分布影响较小,工作面后方 20～60 m 范围最小主应力值小于切顶角度 70°的最小主应力值。在距离巷道顶板 9 m 层位时,不同切顶角度对最小主应力的分布影响较大,留巷期间基本顶最小主应力与工作面距离呈先降低后趋于稳定的变化趋势,当切顶角度为 80°时,留巷期间基本顶最小主应力稳定后数值最小,卸压效果最明显。

（2）巷道倾向顶板最小主应力分布规律

留巷期间,工作面后方 60 m 巷道倾向顶板最小主应力分布规律,如图 3-17 所示。巷道顶板上方 3 m 层位,不同切顶角度对应的最小主应力变化曲线规律相似,最小主应力值变化较小;巷道顶板上方 9 m 层位的基本顶,在不同切顶角度的影响下,应力集中程度差异增加,巷道基本顶范围内,切顶角度为 80°时巷

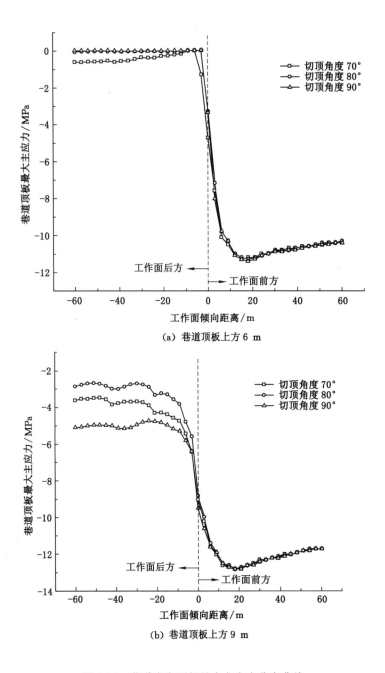

（a）巷道顶板上方 6 m

（b）巷道顶板上方 9 m

图 3-14　巷道走向顶板最大主应力分布曲线

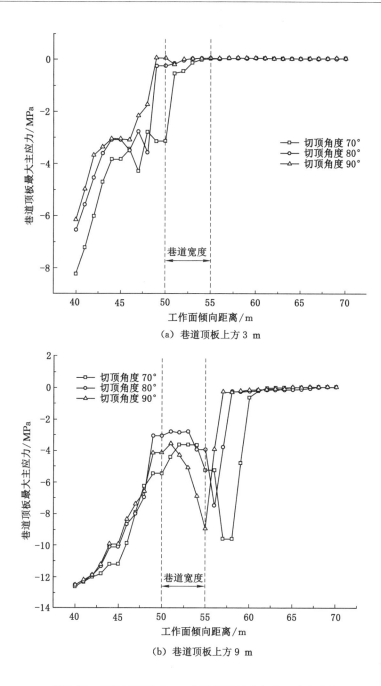

（a）巷道顶板上方 3 m

（b）巷道顶板上方 9 m

图 3-15　工作面后方 60 m 巷道顶板最大主应力分布曲线

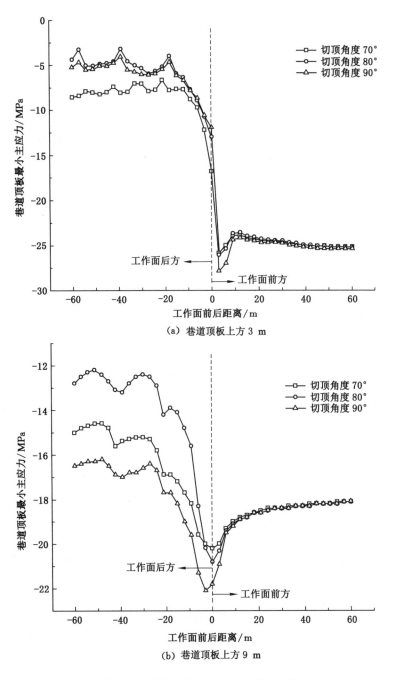

（a）巷道顶板上方 3 m

（b）巷道顶板上方 9 m

图 3-16　巷道顶板最小主应力变化曲线

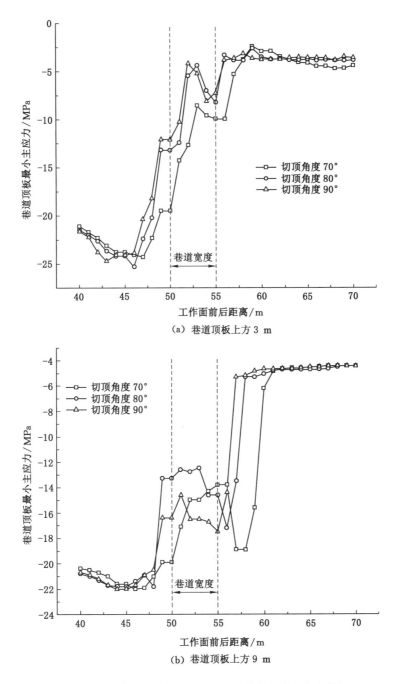

(a) 巷道顶板上方 3 m

(b) 巷道顶板上方 9 m

图 3-17 工作面后方 60 m 巷道顶板最小主应力分布规律

道顶板最小主应力分布相对均匀,且数值最小。对比图 3-17(a)、(b)可知,留巷期间,随着巷道顶板层位距离的增加,巷道顶板最小主应力随之增大,且基本顶内的最小主应力分布比直接顶内的最小主应力分布更均匀。

综合不同切顶角度对应的巷道顶板最大主应力、最小主应力分布规律,可知当切顶角度为 80°时,巷道顶板的卸压效果明显优于切顶角度分别为 70°和 90°时的卸压效果。卸压效果直接影响巷道顶板的维护难度,当切顶角度为 80°时,巷道顶板卸压效果最优,更有利于巷道顶板维护。

3.4 切顶留巷顶板变形与应力分布规律

3.4.1 留巷前后顶板变形规律

由前文研究结果可知,当切顶深度为 9 m、切顶角度为 80°时顶板卸压效果最优。针对祁东煤矿 7135 工作面的顶板赋存特征,分析切顶角度为 80°、切顶深度为 9 m 时,顶板变形破坏规律。

3.4.1.1 巷道走向顶板下沉变形规律

巷道走向不同顶板深度的顶板下沉量曲线如图 3-18 所示,横坐标 0 的位置是工作面。由图可知:① 一次采动留巷期间,距离巷道顶板不同深度岩层下沉量从工作面前方 30 m 至工作面后方 50 m 均呈增大变化,因此,将工作面前方 30 m 划分为一次采动超前影响阶段,工作面后方 50 m 划分为一次采动留巷影响阶段,工作面后方 60 m 范围内巷道中部顶板最大下沉量为 154 mm。② 切顶巷道不同深度顶板下沉量有较大差异,总体下沉规律呈现为顶板浅部下沉量大于顶板深部下沉量。直接顶中部的下沉量有明显降低趋势,当层位达到基本顶时,下沉量显著降低,且随着顶板深度的增加,下沉量降低不明显,一次采动超前影响阶段,直接顶下表面(图中 0 m 测线)下沉量呈逐渐降低趋势,最大值为 70 mm,最小值为 40 mm。③ 一次采动留巷影响阶段,直接顶和基本顶下沉量逐渐增加,基本顶及以上岩层下沉量变化趋势稳定,下沉量稳定在 90 mm 左右。一次采动留巷影响阶段,顶板下沉量随巷道顶板至深部距离的增加呈减小趋势,巷道顶板不同层位岩层变形具有协调性,基本顶及其以上层位的顶板变形规律基本一致,下沉量变化小。留巷期间,引起巷道顶板变形发生的主要层位为直接顶。

3.4.1.2 巷道走向顶板最大主应力分布规律

巷道顶板最大主应力分布反映了留巷期间巷道顶板卸压程度,在巷道顶板

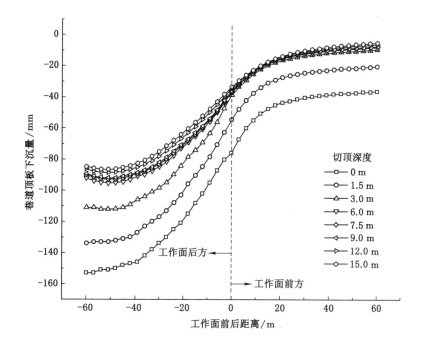

图 3-18　巷道走向不同顶板深度的顶板下沉量曲线(埋深 520 m)

不同层位布置最大主应力测线,以监测走向顶板最大主应力,如图 3-19 所示。由图可知:① 在工作面前方 30 m,随层位深度的增加最大主应力逐渐增加,卸压程度逐渐降低。卸压程度的降低表明巷道顶板对应层位的变形减小,这一规律与图 3-18 所示的超前工作面 30 m 的顶板下沉量逐渐减小相吻合。② 工作面后方 50 m 范围内,巷道顶板不同层位最大主应力随深度的增加整体呈增大趋势,卸压程度逐渐降低,与图 3-18 该范围内顶板下沉量逐渐减小呈对应关系。③ 工作面后方超过 50 m 范围,顶板最大主应力变化较小,巷道顶板变形量最大,且趋于稳定。④ 不同顶板深度最大主应力的分布呈现由浅至深逐渐增大的变化规律,说明巷道顶板浅部卸压程度高于深部卸压程度,且在同一顶板力学性质条件下,卸压较充分的区域为基本顶及以下岩层。⑤ 根据顶板下沉量和最大主应力分布规律可将切顶留巷沿走向分为采动超前影响阶段(0~30 m)、留巷影响阶段(0~−50 m)和留巷稳定阶段(>−50 m)。

3.4.1.3　巷道倾向顶板应力与变形分布规律

一次采动留巷影响阶段顶板位移变化明显,矿压显现剧烈,留巷稳定阶段则反映了切顶参数的卸压成效。分别研究一次采动留巷影响阶段,工作面后方

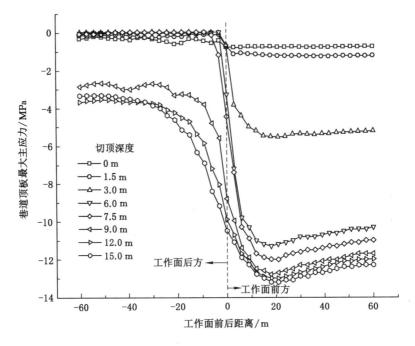

图 3-19　巷道顶板最大主应力

10 m 及 60 m 巷道断面方向顶板位移及最大主应力分布规律,以反映切顶卸压作用过程。图 3-20 为工作面后方 10 m 巷道顶板位移及应力分布。

如图 3-20(a)所示:① 巷道倾向方向,巷道顶板不同深度岩层向采空侧发生下沉变形,随着距巷道顶板距离增加,巷道顶板下沉变形量及下沉变化速率都呈减小趋势。② 切顶深度为 9 m 时,采空区基本顶及其以下岩层沿切顶线呈断裂下沉变化,切顶线以上顶板岩层下沉变形趋势一致,预裂切顶对基本顶上覆岩层下沉变形影响较小。③ 巷道断面范围顶板弯曲变形由实体煤侧至采空区侧呈非均匀性下沉,距离切顶线越近下沉变形量越大,巷道顶板最大下沉量为170 mm,巷道基本顶及上覆岩层弯曲变形具有均匀性,最大变形量为100 mm。

对比图 3-20(a)、(b)可知:① 最大主应力的分布与顶板下沉变形分布具有对应关系,顶板下沉变形量最大的位置卸压程度高,最大主应力小。② 留巷期间采空区直接顶垮落之后处于完全卸压状态,最大主应力为 0,下一工作面实体煤巷帮处最大主应力高,巷道断面范围顶板处于卸压范围,且浅部顶板卸压程度高于深部顶板卸压程度。

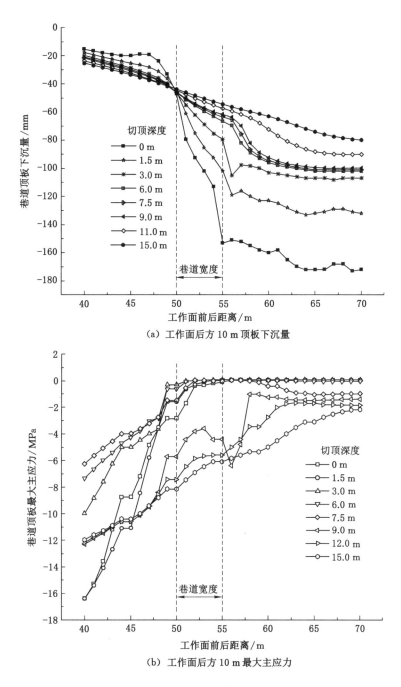

（a）工作面后方 10 m 顶板下沉量

（b）工作面后方 10 m 最大主应力

图 3-20　工作面后方 10 m 巷道顶板位移及应力分布

工作面后方 60 m,巷道顶板位移与应力变化如图 3-21 所示。

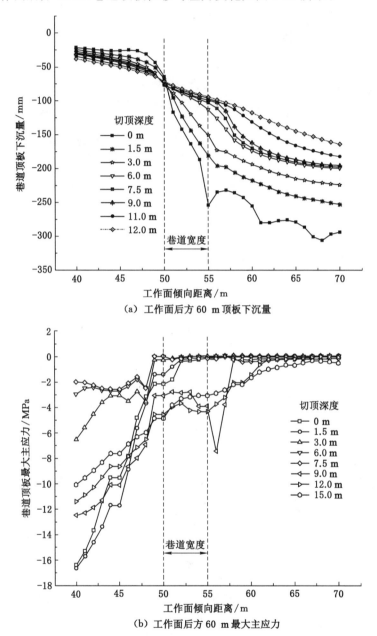

（a）工作面后方 60 m 顶板下沉量

（b）工作面后方 60 m 最大主应力

图 3-21　工作面后方 60 m 巷道顶板位移与应力变化

如图 3-21(a)所示,巷道顶板不同深度的下沉变形程度均大于一次采动留巷影响阶段,顶板向采空区侧弯曲下沉变形。巷道上方直接顶是变形增加最快的范围,浅部直接顶下沉量大于深部顶板下沉量。如图 3-21(b)所示,工作面后方 60 m 巷道顶板最大主应力小于工作面后方 10 m 巷道顶板最大主应力(图 3-20)。巷道上方直接顶与基本顶上部界面所受最大主应力呈均匀分布,且巷道顶板浅部卸压程度高于深部,巷道断面范围直接顶最大主应力为 2 MPa,相比于下一工作面实体煤最大主应力,巷道断面范围顶板处于卸压范围内。

3.4.2　切顶卸压埋深效应分析

当切顶深度为 9 m、切顶角度为 80°时,通过数值模型对比研究埋深 300 m、520 m 及 800 m(分别对应为浅部埋深、临界深部埋深及深部埋深)[114]条件下巷道顶板应力变化规律。

3.4.2.1　不同埋深最大主应力分布规律

图 3-22 中 x 坐标表示工作面倾向,y 坐标表示工作面走向,z 坐标表示最大主应力,由图可知巷道最大主应力分布规律:① 不同埋深最大主应力均出现在一次采动留巷影响阶段;最大主应力呈现先增大后减小的变化趋势,且增加及减小的变化趋势较缓。埋深 300 m 时,留巷期间巷道顶板最大主应力约为 9.2 MPa,埋深 800 m 时,留巷期间巷道顶板最大主应力约为 26 MPa。② 随着埋深的增大,最大主应力增大,且峰值出现在工作面后方 40 m,工作面前方最大主应力峰值出现在工作面侧前方 5~10 m。③ 留巷期间,巷道顶板均处于低值应力区,说明卸压效果好,随着埋深的增大,留巷顶板最大主应力呈增大趋势,表明同等煤层顶底板赋存条件下,切顶参数相同时,浅部留巷顶板卸压效应明显优于深部留巷顶板卸压效应。

3.4.2.2　不同埋深最小主应力分布规律

巷道顶板最小主应力反映了采动应力集中程度,如图 3-23 所示,其中 x 坐标表示工作面倾向,y 坐标表示工作面走向,z 坐标表示最小主应力。由图可知:

① 超前工作面最小主应力出现在巷道与工作面交汇处,埋深由 300 m 增加至 800 m 时,最小主应力由 14.2 MPa 增加至 31.3 MPa。

② 留巷期间最小主应力随着留巷距离的增加,呈现先增大后减小并趋于稳定的变化趋势,应力最小值出现在工作面后方 40 m 位置。由于切顶后采空区顶板与巷道顶板之间解除了力学约束,巷道顶板最小主应力向下一工作面实体

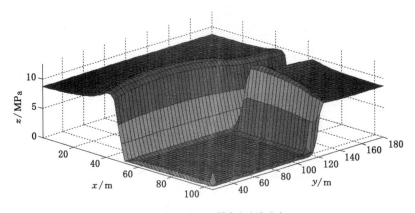

（a）埋深 300 m 最大主应力分布

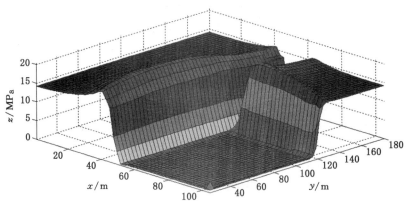

（b）埋深 520 m 最大主应力分布

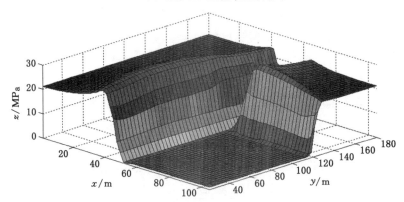

（c）埋深 800 m 最大主应力分布

图 3-22　不同埋深巷道顶板最大主应力分布

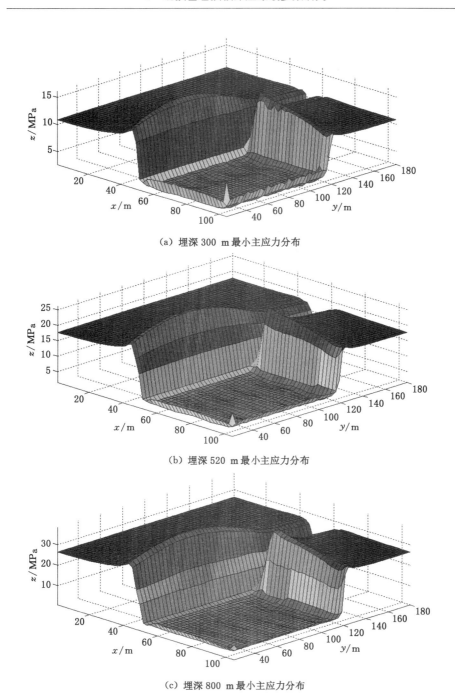

（a）埋深 300 m 最小主应力分布

（b）埋深 520 m 最小主应力分布

（c）埋深 800 m 最小主应力分布

图 3-23 不同埋深巷道顶板最小主应力分布

煤深部转移,留巷期间巷道最小主应力出现在实体煤巷帮顶板。

③ 随着埋深的增大,巷道断面顶板最小主应力随之增大,表明巷道顶板支承应力及集中系数随之增大。

针对不同埋深顶板最大主应力及最小主应力分布规律,在切顶巷道一次使用期间,可将切顶巷道分为掘进阶段,即超前原岩应力分布阶段、一次采动超前影响阶段、一次采动留巷影响阶段、留巷稳定阶段;不同埋深采动应力表现为峰值应力分布范围相近,采动应力峰值大小及采动应力影响范围随埋深的增大而增大;采动应力影响范围是顶板控制的重点区域,随着埋深的增大,巷道顶板的控制强度及支护范围应随之增大。

3.4.2.3 不同埋深巷道顶板变形规律

以祁东煤矿 7135 工作面为工程背景,选取的埋深参数为 520 m,工作面开采 100 m 时,数值模拟研究得出巷道顶板走向变形规律如图 3-18 所示。埋深条件分别为 300 m 及 800 m,工作面开采 100 m 时,数值模拟研究得出切顶巷道顶板变形规律,如图 3-24 所示。由图 3-18 和图 3-24 可知:

① 随着埋深的增加,沿巷道走向方向,顶板下沉变形趋势一致,最大下沉量呈增加趋势。当埋深为 300 m 时,巷道中部最大下沉量为 60 mm;当埋深为 520 m 时,最大下沉量为 154 mm;当埋深增加至 800 m 时,切顶留巷期间巷道中部顶板最大下沉量达 280 mm。巷道顶板中部不同深度岩层下沉量呈减小变化,巷道顶板 3 m 层位(直接顶)及以上不同层位岩层下沉变形量变化较小,最大下沉量发生在巷道中部顶板下表面。

② 在超前工作面范围内,随着埋深的增大,一次采动超前影响范围巷道顶板最大下沉量增大。埋深为 300 m 时,巷道顶板最大下沉量为 30 mm;当埋深为 520 m 时,巷道顶板最大下沉量为 70 mm;埋深增加至 800 m 时,巷道顶板最大下沉量为 130 mm。巷道顶板最大下沉量均发生在巷道与工作面交汇处,与不同埋深最小主应力发生位置相对应,如图 3-23 所示。随着超前工作面范围增大,巷道顶板下沉量呈减小趋势。

3.4.3 二次采动巷道顶板变形规律

为了服务于下一区段工作面,切顶留巷巷道在使用期间需经历二次采动影响,此时巷道仅用于下一区段工作面回风,不再继续留巷,且一次采动留巷期间所采用的切顶及支护参数,在下一区段工作面开采时不改变,因此研究二次采动影响时,仅针对超前工作面巷道区域进行研究。图 3-25(a)、(b)分别为

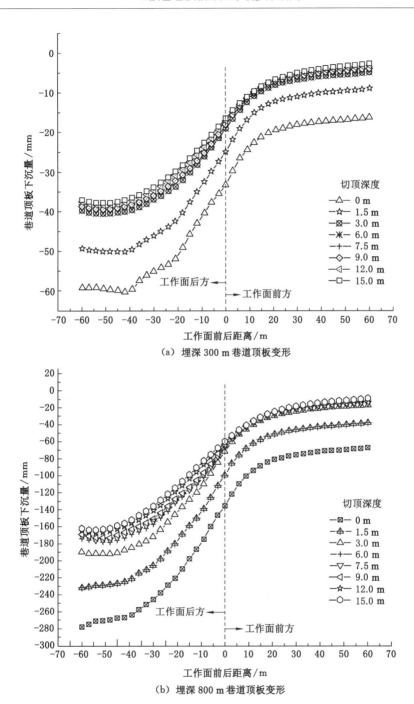

（a）埋深 300 m 巷道顶板变形

（b）埋深 800 m 巷道顶板变形

图 3-24　切顶巷道顶板变形规律

工作面推进 60 m 时前方巷道走向和巷道倾向的顶板下沉量。

由图 3-25(a)可知,二次采动超前影响阶段,随着超前工作面距离的增大,巷道顶板下沉量呈减小趋势,并逐渐趋于稳定。超前工作面 48 m 范围内巷道顶板最大变形速率较大,该范围可认为是二次采动超前影响范围,而超前工作面 48 m 范围外,巷道顶板变形趋于稳定。随着深度的增加,巷道顶板岩层下沉量减小,直接顶和基本顶下位下沉量显著高于深部顶板下沉量,说明浅部顶板卸压程度高,整体承载能力降低,在外力作用下变形增大。

超前工作面 10 m 巷道倾向方向顶板位移变化如图 3-25(b)所示,由图可见工作面煤壁上方顶板下沉量小于巷道和采空区侧下沉量,巷道顶板向工作面方向出现明显下沉变形,超前工作面 10 m 范围巷道顶板上方不同深度下沉量都较大。在巷道上方顶板,直接顶在巷道断面内下沉增量大于基本顶。超前工作面 10 m,巷道顶板最大变形量出现在采空区边界,最大下沉量达 340 mm。

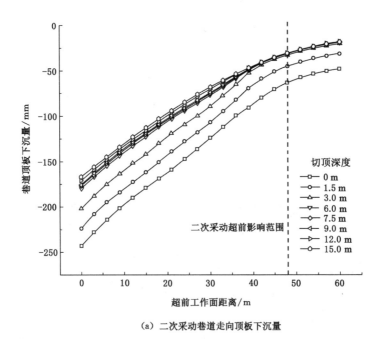

（a）二次采动巷道走向顶板下沉量

图 3-25　二次采动巷道顶板变形规律

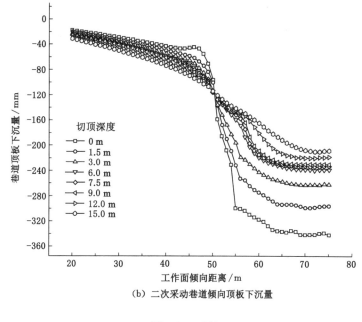

（b）二次采动巷道倾向顶板下沉量

图 3-25 （续）

3.5 本章小结

基于祁东煤矿 7135 工作面回风巷工程地质条件，利用 LS-DYNA 数值模拟软件模拟分析了不同爆破参数顶板成缝裂纹扩展规律及巷道顶板完整性控制，利用 FLAC3D 数值模拟软件模拟研究了不同切顶参数条件下，以顶板下沉变形和应力分布作为主要指标分析巷道顶板卸压效应。本章主要结论如下：

① 对比分析了聚能爆破时，不同炮孔间距两炮孔连线间的裂纹扩展规律，得出线装药密度为 1.1 g/cm 时，不同炮孔间距裂纹扩展规律相同，炮孔间距 400 mm 及 600 mm 时预裂爆破能够形成贯通裂纹，当炮孔间距为 800 mm 时两炮孔间不能产生贯通裂纹。

② 分析得出了聚能爆破是保证炮孔连线方向形成贯通裂纹及巷道顶板完整性的有效途径。同一爆破参数条件下，由于能量耗散作用，非聚能爆破不能形成贯通裂纹；同一炮孔间距，增大线装药密度为 1.5 g/cm 时，则在形成贯通裂纹的同时也破坏了巷道顶板的完整性。

③ 以祁东煤矿 7135 工作面为工程背景，分析不同切顶深度巷道顶板卸压

效应,得到了当切顶深度为 9 m、切顶角度为 80°时,顶板卸压效果最优,更有利于顶板维护;分析并得到了一次采动超前影响阶段、一次采动留巷影响阶段及二次采动超前影响阶段范围的大小,获得了留巷期间顶板最大变形量为 340 mm。

④ 获得了同一切顶参数条件下,埋深由浅至深,巷道顶板应力峰值及分布范围增大,顶板下沉量随之增大,切顶巷道卸压效应减弱;随埋深增大,巷道顶板的控制强度及支护范围应随之增大。

4 动静耦合切顶留巷基本顶成缝与稳定机理

超前工作面炮孔间形成贯通裂纹能够有效解除巷道顶板与采空区顶板之间的力学联系,减小巷道顶板应力约束,起到卸压效果,成缝效果直接影响留巷顶板的稳定。由第3章的研究结果可知,巷道顶板成缝与炮孔间距及装药长度存在相互联系,在爆破过程中,巷道顶板不仅承受围岩应力的静载作用,而且要承受爆破动载作用,属于动静耦合作用。因此,预裂爆破不仅要使炮孔间形成贯通裂纹,而且要保证在振动效应下巷道顶板的完整性。

本章在动静耦合作用基本顶力学模型的基础上,获得切向拉应力分布规律;基于基本顶抗拉强度确定成缝及基本顶稳定判据,获得切顶留巷成缝与稳定时,装药长度与炮孔间距之间的量化关系,进而揭示基本顶稳定机理。

4.1 巷道基本顶力学结构特征

无巷旁充填切顶留巷预裂爆破使顶板沿炮孔连线方向产生贯通裂纹,如图 4-1(a)所示,爆破作用期间基本顶不仅承受覆岩、支护体及采掘活动施加的静载作用[115-116],同时还承受爆破动载作用,如图 4-1 (b)所示。此时基本顶受覆岩支承应力简化为均布载荷,巷道范围内支护体对基本顶的支撑反力也简化为均布载荷,实体煤采动应力影响范围内对基本顶的支撑反力可简化为线性载荷[88,117]。

爆破后,聚能方向的岩体受到爆破冲击波的压缩作用发生破坏,形成的粉碎区尽管范围小,却消耗了冲击波的大部分能量,此时冲击波衰减为应力波。应力波的作用使炮孔连线方向(切向)岩体受拉、垂直炮孔连线方向(径向)岩体受压。当切向拉应力超过岩体的抗拉强度时,岩体产生裂纹,裂纹沿炮孔连线方向扩展。非聚能方向,由于药卷外 PVC 管、套管与炮孔壁之间的不耦合介质(空气)对爆轰产物有缓冲和抑制作用,极大地降低了冲击波对炮孔壁的破坏,因此,在

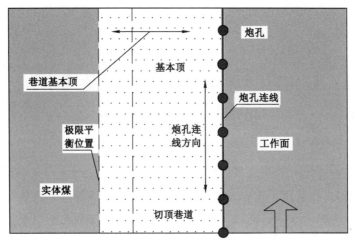

（a）切顶巷道平面布置俯视图

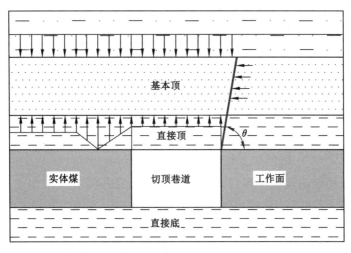

（b）切顶巷道基本顶受力图

图 4-1 预裂爆破阶段基本顶受力分析

非聚能方向,冲击压缩波急剧衰减为弹性压缩波作用于基本顶,弹性压缩波由于反射作用在基本顶内形成拉应力波,产生拉应力。当拉应力峰值大于基本顶抗拉强度时,基本顶产生裂纹。利用聚能爆破的聚能效应可实现无煤柱切顶留巷沿炮孔连线方向成缝。

4.2 基本顶成缝机理

4.2.1 成缝机理分析

爆破应力波是顶板产生贯通裂纹的关键因素。本书在研究成缝机理过程中忽略顶板所处的应力环境,将炮孔内爆破载荷简化为均布载荷。

爆破应力波向孔壁四周传播过程中不断衰减,聚能方向的作用能量远大于非聚能方向的,以聚能方向为研究对象,得到炮孔连线间切向最大拉应力,建立以基本顶抗拉强度为临界指标的成缝条件,进而确定不同炮孔间距所需的最小装药长度。

对于普通爆破径向和轴向不耦合装药的炮孔,炮孔壁所受的爆破峰值荷载 $P_{r\max}$ 可表示为[118]:

$$P_{r\max} = \frac{\rho_0 D^2}{2(\gamma+1)} \left(\frac{d_c}{d_b}\right)^{2\gamma} \left(\frac{l_c}{l_b}\right)^{\gamma} \tag{4-1}$$

式中,ρ_0 为基本顶密度,kg/m^3;D 为爆轰速度,m/s;γ 为炸药的等熵指数(一般取 3.0);d_c 为装药直径,mm;d_b 为炮孔直径,mm;d_c/d_b 为炮孔径向装药不耦合系数;l_c 为装药长度,m;l_b 为炮孔长度,m;l_c/l_b 为炮孔轴向装药不耦合系数。

应力波在岩体中传播时会发生能量衰减,径向压应力随着距离衰减的关系可表示为:

$$\sigma_r = \frac{P_{r\max}}{(\bar{r})^{\beta}} \tag{4-2}$$

式中,σ_r 为距爆源 r 的压应力,MPa;$\bar{r}$ 为相对距离,mm,$\bar{r}=r/r_b$,其中 r_b 为炮孔半径,mm;β 为应力衰减指数,$\beta=2\pm\mu(1-\mu)$,其中 μ 为基本顶泊松比,当冲击波作用时取"+"号,应力波作用时取"-"号。

单孔起爆应力波在该岩体中产生的切向拉应力 σ_θ 可表示为:

$$\sigma_\theta = \frac{\mu}{(1-\mu)}\sigma_r \tag{4-3}$$

当相邻炮孔同时起爆时,爆破应力波在相邻炮孔连线中点发生叠加,爆破应力波在相邻炮孔连线中点叠加产生的切向拉应力为 $2\sigma_\theta$,如图 4-2 所示。若炮孔间距刚好满足成缝效果,则相邻炮孔同时起爆在连线中点产生的最小切向拉

应力需大于或等于基本顶抗拉强度,成缝条件可表示为:

$$\sigma_\theta \geqslant \sigma_t \qquad (4\text{-}4)$$

式中,σ_t 为基本顶抗拉强度,MPa。

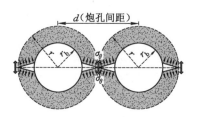

图 4-2 联孔聚能爆破力学模型

当爆破炮孔与岩层顶板存在夹角时,如图 4-1(b)所示,则式(4-4)可表示为:

$$2\sigma_\theta \sin\theta \geqslant \sigma_t \qquad (4\text{-}5)$$

工程实践中,θ 一般取 $70°\sim80°$,$\sin\theta$ 为 $0.94\sim0.98$,本书中按 $\sin\theta\approx1$ 进行计算,因此将式(4-2)及式(4-3)代入式(4-4),成缝条件可表示为:

$$\frac{2\mu}{(1-\mu)} P_{rmax} \left(\frac{r_b}{r}\right)^\beta \geqslant \sigma_t \qquad (4\text{-}6)$$

式(4-6)为普通装药条件下相邻炮孔同时起爆时顶板形成切缝的条件。当采用聚能爆破时,圆柱形孔壁上聚能方向的峰值应力约为普通爆破时孔壁峰值应力的 14 倍,非聚能方向的峰值应力约为普通爆破峰值应力的 6.2%[119],因此聚能爆破时顶板的切缝条件可表示为:

$$\frac{28\mu}{(1-\mu)} P_{rmax} \left(\frac{r_b}{r}\right)^\beta \geqslant \sigma_t \qquad (4\text{-}7)$$

对比式(4-6)和式(4-7)可以看,在同等爆破条件下,相较于普通爆破,聚能爆破沿聚能方向对岩体的致裂距离更长。

采用 PVC 管进行聚能爆破时,炮孔聚能方向的能量远大于非聚能方向的,由于岩体具有耐压怕拉特性,当爆破应力波产生的拉应力大于岩体抗拉强度时,岩体内产生成缝裂纹。

4.2.2 成缝与炮孔间距及装药长度量化关系

针对祁东煤矿 7135 工作面回风巷,基本顶泊松比 μ 为 0.25、基本顶密度 ρ_0 为 2 500 kg/m³、爆轰速度 D 取 3 800 m/s、炮孔半径 r_b 为 25 mm、炮孔直径 d_b 为 50 mm、装药直径 d_c 为 35 mm、炮孔长度 l_b 为 9 m,均为固定值;因此式(4-6)中的拉应力仅与炮孔间距 d 及装药长度 l_c 存在量化关系。根据式(4-7)可得到炮孔连线间切向拉应力与炮孔间距及装药长度的量化关系,如表 4-1 所示,表中的黑色加粗应力值表示已经超过基本顶抗拉强度。

表 4-1 不同装药长度及炮孔间距下炮孔连线间切向拉应力 单位:MPa

装药长度/m	炮孔间距/m						
	0.4	0.5	0.6	0.7	0.8	0.9	1.0
0.8	0.07	0.05	0.03	0.03	0.02	0.02	0.01
1.2	0.23	0.16	0.12	0.09	0.07	0.06	0.05
1.6	0.55	0.38	0.28	0.22	0.17	0.14	0.12
2.0	1.07	0.74	0.54	0.42	0.34	0.28	0.23
2.4	1.85	1.27	0.94	0.73	0.58	0.48	0.40
2.8	2.93	2.02	1.49	1.15	0.92	0.76	0.64
3.2	**4.37**	3.02	2.23	1.72	1.38	1.13	0.95
3.6	6.23	**4.29**	3.17	2.45	1.96	1.61	1.35
4.0	8.54	5.89	**4.35**	3.36	2.69	2.21	1.86
4.4	11.37	7.84	5.79	**4.48**	3.58	2.94	2.47
4.8	14.77	10.18	7.51	5.81	**4.65**	3.82	3.21
5.2	18.77	12.94	9.55	7.39	5.91	**4.86**	4.08
5.6	23.45	16.16	11.93	9.23	7.39	6.07	**5.09**
6.0	28.84	19.88	14.67	11.35	9.08	7.46	6.26
6.4	35.00	24.13	17.81	13.77	11.02	9.06	7.60
6.8	41.98	28.94	21.36	16.52	13.22	10.87	9.12
7.2	49.83	34.36	25.35	19.61	15.70	12.90	10.82

相邻炮孔连线间的切向拉应力随着装药长度的增大而增大,当相邻炮孔连线中间的切向拉应力大于基本顶抗拉强度时,则认为在爆破作用下相邻炮孔间能产生径向贯通裂隙;当装药长度确定,切向拉应力随炮孔间距增加而减小。若要保证相邻炮孔间能够形成贯通裂隙,在装药长度一定时,则需减小炮孔间距;同理,若炮孔间距一定时,则需要增大装药长度。如炮孔间距达到 600 mm 时,为保证炮孔连线间岩层产生贯通裂隙,则最小装药长度为 4.0 m。

基本顶切向拉应力与炮孔间距及装药长度变化关系曲线如图 4-3 所示,当炮孔间距一定时,切向拉应力随装药长度的增大呈幂指数增加,当装药长度一定时,切向拉应力随炮孔间距增大而呈幂指数减小,由炮孔间距变化引起的应力衰减明显小于由装药长度变化引起的应力衰减,由此可看出切向最大拉应力对装药长度更敏感。

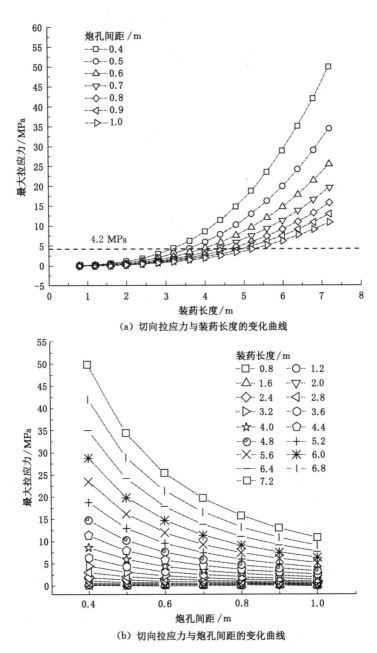

（a）切向拉应力与装药长度的变化曲线

（b）切向拉应力与炮孔间距的变化曲线

图 4-3　基本顶切向拉应力与炮孔间距及装药长度变化关系曲线

将表 4-1 中表示大于基本顶抗拉强度的临界值作为考察基本顶成缝判据，如图 4-4 所示，随着装药长度及炮孔间距的增大，基本顶最大切向拉应力呈先减小后增大趋势。最大切向拉应力的增大能够保证基本顶沿炮孔连线间成缝，也可能使巷道基本顶产生裂缝，破坏基本顶的稳定性。可见，保证基本顶成缝与稳定的炮孔间距与装药长度间存在一个合理区间。

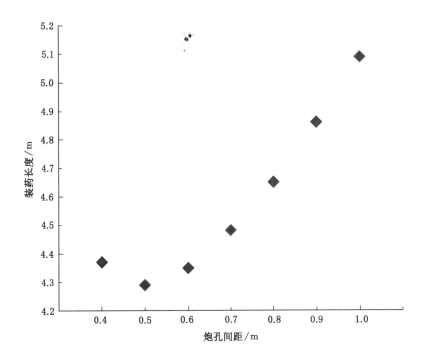

图 4-4　基本顶最大切向拉应力与装药长度及炮孔间距变化关系

4.3　切顶巷道基本顶稳定机理

4.3.1　动载耦合作用下基本顶应力分布

根据表 4-1，增加装药长度，成缝间距也随之增大，过大的装药长度会破坏基本顶的稳定，因此需要分析在保证巷道基本顶稳定时的最大装药长度。预裂爆破时，爆破动载以极短的时间作用在切顶面上，根据冲量原理，可将基本顶受瞬时动载的动力问题归结为在初始条件下的自由振动问题。为便于理论分析，对动静耦合作用下基本顶力学模型做以下假设：

① 基本顶覆岩重力的载荷集度为 q_1，满足均匀分布。

② 基本顶下方实体煤侧范围内直接顶对基本顶的作用力满足线性分布特征，该分布力系在巷帮处为 q_2，在极限平衡位置为 $\lambda_2 q_2$。

③ 巷道宽度范围内支护体对顶板的支护强度为 q_2。

④ 爆炸动载以均布载荷形式垂直作用于切顶面为 σ_x；由于爆破动载持续时间极短，忽略爆破对基本顶的瞬态受迫振动，仅研究基本顶在爆破动载作用后的稳态自由振动。

根据切顶巷道预裂爆破阶段基本顶受力分析，可将基本顶受力简化为如图 4-5(a)所示的力学模型，基本顶厚度为 h，切顶巷道宽度为 b，切顶巷道极限平衡区宽度为 a，模型左边界至实体煤极限平衡区边界，右边界至炮孔连线，基本顶炮孔连线至实体煤极限平衡区长度为 l。根据叠加原理，可将基本顶受力模型分别表示为动载作用下力学模型与静载作用下力学模型，如图 4-5(b)、(c)所示。

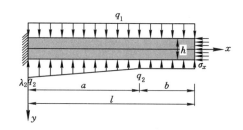

（a）基本顶受力模型

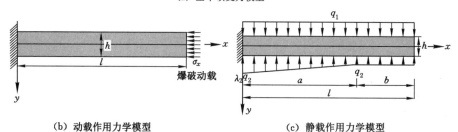

（b）动载作用力学模型　　　　　　　（c）静载作用力学模型

图 4-5　动静耦合作用基本顶力学模型

根据图 4-5(b)，基本顶纵向自由振动满足波动方程：

$$\frac{\partial^2 u}{\partial t^2} = \alpha^2 \frac{\partial^2 u}{\partial x^2}, \alpha^2 = \frac{E}{\rho} \tag{4-8}$$

波动方程的一般解的形式为：

$$u(x,t)=u(x)\left[A\cos(pt)+B\sin(pt)\right] \tag{4-9}$$

将式(4-9)代入式(4-8)，可得：

$$u(x)=C\cos\left(\frac{p}{\alpha}x\right)+D\sin\left(\frac{p}{\alpha}x\right) \tag{4-10}$$

式中，$u(x)$为动载作用的位移函数；α为应力波传播速度，m/s；ρ为岩石密度，kg/m^3；A,B,C,D,p为待定常数。

基本顶边界条件可表示为：

$$u(0)=0,\frac{du}{dx}\bigg|_{x=l}=0 \tag{4-11}$$

将式(4-11)代入式(4-10)，可确定得：

$$C=0,p=\frac{(2k-1)\pi\alpha}{2l},k=1,2,3,\cdots \tag{4-12}$$

因此，自由振动的解可以表达为：

$$u(x,t)=\sum_{k=1}^{\infty}\left(\sin\left[\frac{(2k-1)\pi}{2l}x\right]\left\{A_k\cos\left[\frac{(2k-1)\pi\alpha}{2l}t\right]+B_k\sin\left[\frac{(2k-1)\pi\alpha}{2l}t\right]\right\}\right) \tag{4-13}$$

基本顶的初始条件可表示为：

$$\begin{cases}u(x,0)=u_0(x)=\varepsilon_0 x\\ \dot{u}(x,0)=\dot{u}_0(x)=0\end{cases} \tag{4-14}$$

式中，$u(x,0)$为动载作用开始的初始位移，m；ε_0为动载作用开始时的初始应变。

将式(4-13)代入式(4-14)，可得：

$$\begin{cases}u(x,0)=\sum_{k=1}^{\infty}\left[A_k\sin\frac{(2k-1)\pi}{2l}x\right]=\varepsilon_0 x\\ \dot{u}(x,0)=\sum_{k=1}^{\infty}\left\{B_k\frac{(2k-1)\pi\alpha}{2l}\sin\left[\frac{(2k-1)\pi}{2l}\right]x\right\}=0\end{cases} \tag{4-15}$$

根据三角函数的正交性，可以确定：

$$B_k=0,A_k=\frac{8\varepsilon_0 l}{(2k-1)^2\pi^2}\sin\frac{(2k-1)\pi}{2} \tag{4-16}$$

将式(4-16)代入式(4-13)中，得出基本顶对动载作用下的位移响应：

$$u(x,t)=\frac{8\varepsilon_0 l}{\pi^2}\sum_{k=1}^{\infty}\left\{\frac{1}{(2k-1)^2}\sin\left[\frac{(2k-1)\pi}{2}\right]\sin\left[\frac{(2k-1)\pi}{2l}x\right]\cos\left[\frac{(2k-1)\pi\alpha}{2l}t\right]\right\} \tag{4-17}$$

根据式(4-17)可求出巷道基本顶中任一点在任一时刻的应力 $\sigma(x,t)$ 表达式为:

$$\sigma(x,t) = E\frac{\partial u(x,t)}{\partial x}$$

$$= \frac{4E\varepsilon_0}{\pi}\sum_{k=1}^{\infty}\left\{\frac{1}{(2k-1)}\sin\frac{(2k-1)\pi}{2}\cos\left[\frac{(2k-1)\pi}{2l}x\right]\cos\left[\frac{(2k-1)\pi\alpha}{2l}t\right]\right\}$$

$$(4\text{-}18)$$

式中,E 为基本顶弹性模量,GPa;α 为应力波传播速度,m/s;k 为正整数;x 为基本顶任一截面横坐标,m。

4.3.2 应力波在固定端的透反射

爆破后基本顶切缝处的振动以波形式向固定端传播,在固定端处应力波会发生透反射现象,如图 4-6 所示。

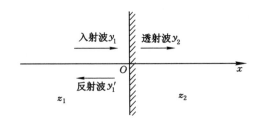

图 4-6 应力波在固定端透反射示意图

入射波的波函数:

$$y_1 = A_1\cos(\omega t - k_1 x) \tag{4-19}$$

反射波的波函数:

$$y_1{'} = A_1{'}\cos(\omega t + k_1 x + \delta_1) \tag{4-20}$$

透射波的波函数:

$$y_2 = A_2\cos(\omega t - k_2 x + \delta_2) \tag{4-21}$$

根据位移连续条件

$$[y_1 + y_1{'}]\,|_{x=0} = [y_2]\,|_{x=0} \tag{4-22}$$

可以得到:

$$\begin{cases}1 + R\cos\delta_1 = T\cos\delta_2 \\ R\sin\delta_1 = T\sin\delta_2\end{cases} \tag{4-23}$$

式中，y_1，y_1'，y_2 分别为入射波、反射波、透射波位移，m；R，T 分别为反射系数和透射系数；δ_1，δ_2 分别为反射波和透射波的初始相位；t 为时间，s；k_1 为入射波及反射波波数，m^{-1}；k_2 为透射波波数，m^{-1}。

根据应力连续

$$\left[\frac{F_1}{S}\right]\bigg|_{x=0} = \left[\frac{F_2}{S}\right]\bigg|_{x=0} \tag{4-24}$$

可以得到：

$$\begin{cases} A_1 - A_1'\cos \delta_1 = \dfrac{E_2 k_2}{E_1 k_1} A_2 \cos \delta_2 \\ A_1'\sin \delta_1 = \dfrac{E_2 k_2}{E_1 k_1} A_2 \sin \delta_2 \end{cases} \tag{4-25}$$

式中，$\dfrac{F_1}{S}$，E_1 为入射波动载应力，MPa；$\dfrac{F_2}{S}$，E_2 为透射波动载应力，MPa。

由于 $E = \rho u^2$ 及 $k = \omega/u$，令 $z = \rho u$ 称为介质的波阻抗，则 $kE = z\omega$（z 为岩石的波阻抗），则式(4-25)化简为：

$$\begin{cases} 1 - R\cos \delta_1 = \dfrac{z_2}{z_1} T\cos \delta_2 \\ R\sin \delta_1 = -\dfrac{z_2}{z_1} T\sin \delta_2 \end{cases} \tag{4-26}$$

综上可知，待求的未知数 A_1'，A_2，δ_1，δ_2 满足以下四个方程：

$$\begin{cases} R\sin \delta_1 = T\sin \delta_2 \\ R\sin \delta_1 = -\dfrac{z_2}{z_1} T\sin \delta_2 \\ 1 + R\cos \delta_1 = T\cos \delta_2 \\ 1 - R\cos \delta_1 = \dfrac{z_2}{z_1} T\cos \delta_2 \end{cases} \tag{4-27}$$

讨论：

① 波在同种介质中传播时，满足 $z_1 = z_2$，式(4-27)化为：

$$\begin{cases} R\sin \delta_1 = T\sin \delta_2 \\ R\sin \delta_1 = -T\sin \delta_2 \\ 1 + R\cos \delta_1 = T\cos \delta_2 \\ 1 - R\cos \delta_1 = T\cos \delta_2 \end{cases} \tag{4-28}$$

由式(4-28)可以确定解满足 $R = 0$，$T = 1$，$\delta_2 = 0$，可见波在同种介质传播时没有反射波,只有透射波,且透射波的波函数与入射波的波函数相同,即没有发生波的反射现象。

② 当波从一种介质向另外一种介质传播时,$z_1 \neq z_2$,此时可解得反射波和透射波的表达式为:

$$\begin{cases} y_1' = A_1 \dfrac{z_1 - z_2}{z_1 + z_2}\cos(\omega t + k_1 x) \\ y_2 = A_1 \dfrac{2z_1}{z_1 + z_2}\cos(\omega t - k_2 x) \end{cases} \tag{4-29}$$

式中,z_1,z_2 分别表示介质 1 和介质 2 的波阻;ω 为角频率,r/s。

根据式(4-29),可知:

a. 当 $z_1 > z_2$,即由波密介质入射到波疏介质时,反射波和入射波同相,反射波没有半波损失,则:

$$y_1' = A_1 \frac{z_1 - z_2}{z_1 + z_2}\cos(\omega t + k_1 x) \tag{4-30}$$

b. 当 $z_1 < z_2$ 时,即由波疏介质入射到波密介质时,反射波和入射波反相,反射波有半波损失,则:

$$y_1' = A_1 \frac{z_2 - z_1}{z_1 + z_2}\cos(\omega t + k_1 x + \pi) \tag{4-31}$$

当界面为固定端时,此时 $z_2 \to \infty$,反射波相位延迟了 π 相位,发生半波损失。

4.3.3 动载拉应力分布规律

式(4-18)给出了爆破应力波在基本顶内的传播规律,如图 4-7 所示。

当 $t=0$ 时,拉伸波作用在基本顶 $x=9$ m 的爆破端切平面上,随后由此位置向极限平衡位置传播,依次经过 $x=6$ m、$x=4$ m、$x=2$ m 位置。当 $t=0.005$ s 时,拉伸波到达极限平衡位置并发生反射,反射波和入射波相比,发生了 π 相位突变,也就是半波损失,但此时波的性质不变,即经过固定端反射后拉伸波仍为拉伸波;此后,拉伸波向自由端切平面传播并在 $t=0.010$ s 到达,拉伸波在自由端切平面发生反射,此时反射波和入射波相位相同,但应力波的性质发生了改变,经过自由端反射后拉伸波变为压缩波。可以看出,在同一位置,基本顶受到拉伸波、压缩波的持续作用,若基本顶内的拉应力超过岩石的抗拉强度时,基本顶内产生裂纹,稳定性降低。

根据式(4-7)及式(4-18)可得当采用聚能爆破时,不同装药长度条件下巷道

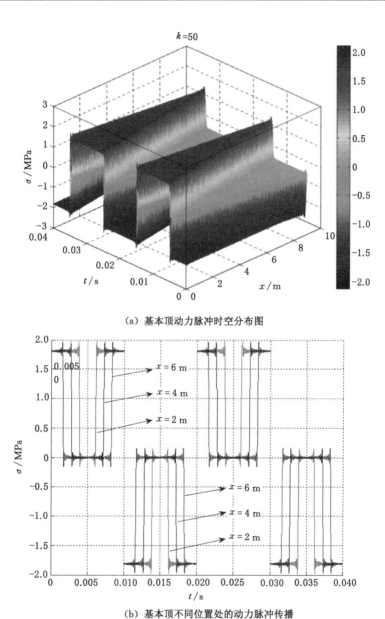

（a）基本顶动力脉冲时空分布图

（b）基本顶不同位置处的动力脉冲传播

图 4-7　不同时间基本顶拉应力分布规律

基本顶拉应力分布，如表 4-2 所示。

表 4-2　不同装药长度条件下巷道基本顶最大拉应力分布　　单位：MPa

距极限平衡处距离/m	装药长度/m										
	0.8	1.2	1.6	2.0	2.4	2.8	3.2	3.6	4.0	4.4	4.8
0.00	0.02	0.06	0.14	0.28	0.49	0.77	1.15	1.64	2.25	3.00	3.90
0.50	0.02	0.06	0.14	0.28	0.49	0.77	1.15	1.64	2.25	3.00	3.90
1.00	0.02	0.06	0.14	0.28	0.49	0.77	1.15	1.64	2.26	3.00	3.90
1.50	0.02	0.06	0.14	0.28	0.49	0.77	1.16	1.65	2.26	3.00	3.90
2.00	0.02	0.06	0.14	0.28	0.49	0.77	1.16	1.65	2.26	3.00	3.90
2.50	0.02	0.06	0.14	0.28	0.49	0.77	1.16	1.65	2.26	3.00	3.90
3.00	0.02	0.06	0.14	0.28	0.49	0.77	1.16	1.65	2.26	3.00	3.90
3.50	0.02	0.06	0.14	0.28	0.49	0.77	1.15	1.64	2.26	3.00	3.90
4.00	0.02	0.06	0.14	0.28	0.49	0.77	1.15	1.64	2.25	3.00	3.90
4.50	0.02	0.06	0.14	0.28	0.49	0.77	1.15	1.64	2.25	3.00	3.89
5.00	0.02	0.06	0.14	0.28	0.49	0.77	1.15	1.64	2.25	3.00	3.90
5.50	0.02	0.06	0.14	0.28	0.49	0.77	1.15	1.64	2.26	3.00	3.90
6.00	0.02	0.06	0.14	0.28	0.49	0.77	1.16	1.65	2.26	3.00	3.90
6.50	0.02	0.06	0.14	0.28	0.49	0.77	1.16	1.65	2.26	3.01	3.90
7.00	0.02	0.06	0.14	0.28	0.49	0.78	1.16	1.65	2.26	3.01	3.90
7.50	0.02	0.06	0.14	0.28	0.49	0.77	1.16	1.65	2.26	3.01	3.90
8.00	0.02	0.06	0.14	0.28	0.49	0.77	1.15	1.64	2.25	3.00	3.90
8.50	0.02	0.06	0.14	0.28	0.48	0.77	1.15	1.64	2.24	2.99	3.88

随着装药长度的增加，巷道基本顶不同位置的最大拉应力随之增大，且同一装药长度下，巷道基本顶不同位置的拉应力值相同；结合表 4-1 及表 4-2 可知，爆破应力波在非聚能方向（巷道基本顶）形成的切向最大拉应力远小于聚能方向（炮孔连线方向）最大拉应力；动载作用下，当装药长度增加到 4.8 m 时，非聚能方向基本顶不同位置的最大拉应力值为 3.9 MPa，未达到基本顶的抗拉强度。因此，装药长度小于 4.8 m 时，爆破产生的拉应力不会对巷道基本顶产生破坏作用。

爆破作用下巷道基本顶不同顶板位置最大拉应力与装药长度变化关系曲线，如图 4-8 所示。从图中看出，爆破动载作用下巷道基本顶最大拉应力随装药长度的增加呈幂指数增大；装药长度在 0.8～2.8 m 范围内增加时，巷道基本顶最大拉应力增大趋势平缓；装药长度在 2.8～4.8 m 范围内增加时，巷道基本顶最大拉应力增大趋势明显。

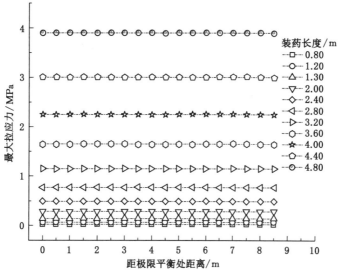

（a）不同顶板位置最大拉应力与装药长度变化关系

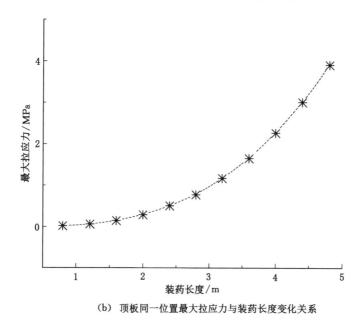

（b）顶板同一位置最大拉应力与装药长度变化关系

图 4-8　最大拉应力与装药长度变化关系

4.3.4 静载作用下巷道基本顶应力分布

根据动静耦合作用下基本顶力学模型的基本假设,由图 4-5(c)可得基本顶任一截面处的弯矩为 $M(x)$:

$$M(x)=\begin{cases} \dfrac{1}{2}(q_1-q_2)(l-x)^2-\dfrac{1}{6}\dfrac{(a-x)^3}{a}(\lambda_2-1)q_2,0\leqslant x\leqslant a \\[2mm] \dfrac{1}{2}(q_1-q_2)(l-x)^2, \qquad\qquad\qquad a<x\leqslant l \end{cases} \tag{4-32}$$

式中,q_1 为基本顶上部支承应力,MPa;q_2 为巷道被动支护体对基本顶支护强度,MPa;a 为巷帮距极限平衡区位置长度,m;l 为切顶侧巷帮距极限平衡区位置长度,m;λ_2 为侧向应力集中系数。

本书中规定 $\sigma(x)$ 以压为负、拉为正。根据材料力学中正应力与弯矩的关系,可将基本顶中的正应力分量表示为:

$$\sigma(x)=-\frac{M(x)}{I}y \tag{4-33}$$

式中,y 为梁内任一 x 处距离中性层的距离,m;I 为梁的惯性矩,m^4。

将式(4-32)代入式(4-33),可得:

$$\sigma(x)=\begin{cases} -\dfrac{1}{2}\dfrac{(q_1-q_2)(l-x)^2}{I}y+\dfrac{1}{6}\dfrac{(a-x)^3}{a}\dfrac{(\lambda_2-1)q_2}{I}y,0\leqslant x\leqslant a \\[3mm] -\dfrac{1}{2}\dfrac{(q_1-q_2)(l-x)^2}{I}y, \qquad\qquad\quad a<x\leqslant l \end{cases}$$

$$\tag{4-34}$$

巷帮距极限平衡区位置长度可由式(4-35)计算获得:

$$a=\frac{\lambda M}{2\tan\varphi_0}\ln\left(\frac{k\gamma H+\dfrac{c_0}{\tan\varphi_0}}{\dfrac{c_0}{\tan\varphi_0}+\dfrac{p_x}{\lambda}}\right) \tag{4-35}$$

式中,λ 为测压系数,取 2.0;M 为煤层厚度,取 3.3 m;c_0 为煤层与顶板交界面处的黏聚力,取 2.2 MPa;φ_0 为煤层与顶板交界面处的内摩擦角,取 $36°$;k 为应力集中系数,取 1.5;γ 为岩层平均体积力,取 25 kN/m^3;H 为煤层埋深,取 520 m;p_x 为巷帮支护阻力,取 0.1 MPa。

根据式(4-35)计算可得 $a=4.0$ m。

式(4-34)计算参数取值为:$a=4.0$ m,$q_1=0.44$ MPa(超前工作面范围),

$q_2=0.15$ MPa, $I=18$,可得不同应力集中系数时巷道基本顶拉应力分布,如表 4-3 及图 4-9 所示。

表 4-3 不同应力集中系数巷道基本顶拉应力分布 单位:MPa

距极限平衡处 距离/m	应力集中系数						
	1.0	1.5	2.0	2.5	3.0	3.5	4.0
0.0	1.958	1.924	1.891	1.858	1.824	1.791	1.758
0.5	1.746	1.724	1.701	1.679	1.657	1.634	1.612
1.0	1.547	1.533	1.519	1.504	1.490	1.476	1.462
1.5	1.359	1.351	1.343	1.335	1.327	1.319	1.311
2.0	1.184	1.180	1.176	1.172	1.168	1.163	1.159
2.5	1.021	1.019	1.018	1.016	1.014	1.012	1.010
3.0	0.870	0.869	0.869	0.868	0.868	0.867	0.867
3.5	0.731	0.731	0.731	0.731	0.731	0.731	0.731
4.0	0.604	0.604	0.604	0.604	0.604	0.604	0.604
4.5	0.489	0.489	0.489	0.489	0.489	0.489	0.489
5.0	0.387	0.387	0.387	0.387	0.387	0.387	0.387
5.5	0.296	0.296	0.296	0.296	0.296	0.296	0.296
6.0	0.218	0.218	0.218	0.218	0.218	0.218	0.218
6.5	0.151	0.151	0.151	0.151	0.151	0.151	0.151
7.0	0.097	0.097	0.097	0.097	0.097	0.097	0.097
7.5	0.054	0.054	0.054	0.054	0.054	0.054	0.054
8.0	0.024	0.024	0.024	0.024	0.024	0.024	0.024
8.5	0.006	0.006	0.006	0.006	0.006	0.006	0.006

静载作用下巷道基本顶不同位置拉应力随着应力集中系数的增大而减小,当应力集中系数一定时,巷道基本顶拉应力随着距离极限平衡处位置的增加而减小;巷道基本顶最大拉应力与应力集中系数有关,随着应力集中系数增大,基本顶拉应力减小;当基本顶距极限平衡处位置大于 3.0 m 时,随着应力集中系数变化巷道基本顶不同位置的最大拉应力不再发生变化,即应力集中系数仅对巷道基本顶局部拉应力分布有影响($0<x<3.0$ m),而对远处巷道基本顶拉应力分布无影响($x>3.0$ m)。

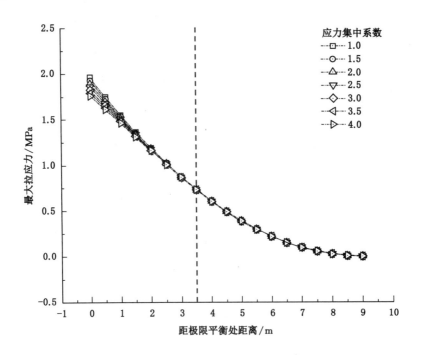

图 4-9　不同应力集中系数巷道基本顶拉应力分布

4.3.5　基本顶稳定与炮孔间距及装药长度量化关系

预裂爆破时,基本顶受到动静载耦合作用,为避免爆破作用使巷道基本顶发生破坏,必须保证巷道基本顶内部最大拉应力小于其抗拉强度。因此,基本顶稳定机理可以表示成:

$$[\sigma(x) + \sigma(x,t)]_{max} < \sigma_t \qquad (4\text{-}36)$$

式中,$\sigma(x,t)$为爆破动载作用下基本顶中的应力,见式(4-18);$\sigma(x)$为静载作用下基本顶中的拉应力,见式(4-34)。

当动静耦合作用产生的最大拉应力小于基本顶抗拉强度时,则基本顶保持稳定;当产生的最大拉应力超过基本顶抗拉强度时,则基本顶内产生裂纹,基本顶不稳定。因此,式(4-36)可作为预裂爆破期间巷道基本顶稳定判据。

预裂爆破期间,取巷道极限平衡处位置的应力集中系数$\lambda_2 = 1.5$,因此将表 4-3 中$\lambda_2 = 1.5$时基本顶不同位置的最大拉应力与表 4-2 中拉应力相叠加,得到不同装药长度条件下,动静载耦合作用时基本顶的应力分布,如表 4-4 及图 4-10 所示。

表 4-4　动静载作用下基本顶最大拉应力分布规律　　　单位:MPa

距极限平衡距离/m	装药长度/m										
	0.8	1.2	1.6	2.0	2.4	2.8	3.2	3.6	4.0	4.4	4.8
0.0	1.94	1.98	2.06	2.20	2.41	2.69	3.07	3.56	4.17	**4.92**	**5.82**
0.5	1.74	1.78	1.86	2.00	2.21	2.49	2.87	3.36	3.97	**4.72**	**5.62**
1.0	1.55	1.59	1.67	1.81	2.02	2.30	2.68	3.17	3.79	**4.53**	**5.43**
1.5	1.37	1.41	1.49	1.63	1.84	2.12	2.51	3.00	3.61	**4.35**	**5.25**
2.0	1.20	1.24	1.32	1.46	1.67	1.95	2.34	2.83	3.44	4.18	**5.08**
2.5	1.04	1.08	1.16	1.30	1.51	1.79	2.18	2.67	3.28	4.02	**4.92**
3.0	0.89	0.93	1.01	1.15	1.36	1.64	2.03	2.52	3.13	3.87	**4.77**
3.5	0.75	0.79	0.87	1.01	1.22	1.50	1.88	2.37	2.99	3.73	**4.63**
4.0	0.62	0.66	0.74	0.88	1.09	1.37	1.75	2.24	2.85	3.60	**4.50**
4.5	0.51	0.55	0.63	0.77	0.98	1.26	1.64	2.13	2.74	3.49	**4.38**
5.0	0.41	0.45	0.53	0.67	0.88	1.16	1.54	2.03	2.64	3.39	**4.29**
5.5	0.32	0.36	0.44	0.58	0.79	1.07	1.45	1.94	2.56	3.30	4.20
6.0	0.24	0.28	0.36	0.50	0.71	0.99	1.38	1.87	2.48	3.22	4.12
6.5	0.17	0.21	0.29	0.43	0.64	0.92	1.31	1.80	2.41	3.16	4.05
7.0	0.12	0.16	0.24	0.38	0.59	0.88	1.26	1.75	2.36	3.11	4.00
7.5	0.07	0.11	0.19	0.33	0.54	0.82	1.21	1.70	2.31	3.06	3.95
8.0	0.04	0.08	0.16	0.30	0.51	0.79	1.17	1.16	2.27	3.02	3.92
8.5	0.03	0.07	0.15	0.29	0.49	0.78	1.16	1.65	2.25	3.00	3.89

注:黑色加粗数字为超过基本顶抗拉强度的拉应力值。

在动静载耦合作用下,巷道基本顶在不同装药长度下最大拉应力均发生在距极限平衡位置 0 m 处,可知巷道基本顶在极限平衡处位置最易发生断裂。巷道基本顶同一位置最大拉应力随装药长度的增加而增大,同一装药长度下巷道基本顶最大拉应力随距极限平衡位置距离的增大而减小。当装药长度为 4.8 m 时,巷道基本顶 0~5 m 范围内最大拉应力均超过其抗拉强度(4.2 MPa),巷道基本顶在动静载耦合作用下产生裂缝的范围大,基本顶不稳定;当装药长度为 4.4 m 时,巷道基本顶 0~1.5 m 范围内最大拉应力超过其抗拉强度,该范围内基本顶会产生裂纹,基本顶的稳定性降低。当装药长度小于 4.4 m 时,巷道基本顶不同位置最大拉应力均未超过其抗拉强度。因此,为确保基本顶在预裂爆破期间的稳定性,最大装药长度必须小于 4.4 m,当选择装药长度为 4.0 m 时,对照表 4-1 可知最大炮孔间距为 600 mm。

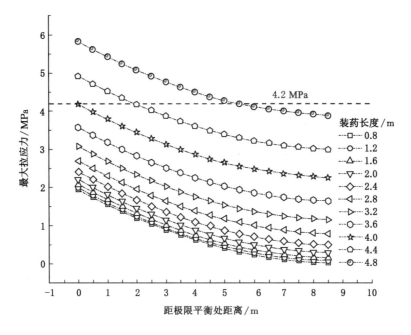

图 4-10 动静载作用下顶板拉应力与装药长度变化关系曲线

4.4 本章小结

基于岩层中应力波衰减公式,分析了基本顶预裂爆破成缝机理,并以此建立基于抗拉强度的成缝判据,确定基本顶成缝时装药长度及炮孔间距之间的量化关系。基于预裂爆破过程中基本顶受力特征,获得了耦合作用下基本顶应力计算公式。本章主要结论如下:

① 基于岩层中应力波衰减公式,分析了基本顶预裂爆破成缝机理,并建立了基于抗拉强度的基本顶成缝判据,以祁东煤矿 7135 工作面为工程背景,获得了基本顶成缝时装药长度及炮孔间距之间的量化关系。

② 分析了预裂爆破期间基本顶受力特征,获得了巷道基本顶稳定机理,得到了基于抗拉强度的基本顶稳定判据,获得了基本顶稳定时装药长度及炮孔间距之间的量化关系,并揭示了爆破应力波在基本顶内呈拉压交替变换且基本顶同一位置持续受到拉应力、压应力作用的传播规律。

③ 分析了切顶巷道基本顶静载作用下受力特征,得到了基本顶最大拉应力

与极限平衡区应力集中系数的量化关系,揭示了极限平衡区应力集中系数仅对巷道基本顶局部拉应力分布有影响($0 < x < 3.0$ m),而对远处巷道基本顶应力分布无影响($x > 3.0$ m)的规律。

5 切顶留巷直接顶全周期变形机理

本书第 4 章已揭示基本顶在动静耦合作用下的成缝及稳定机理,基本顶作为关键层承载上覆岩层重量,同时也作为施载体对下位直接顶进行加载,直接顶在覆岩载荷和支护结构共同作用下的变形问题直接反映了巷道顶板的维护状况。因此,切顶留巷直接顶全周期变形演化机理能够为科学指导支护设计提供重要的理论支撑。

本章以直接顶为研究对象,基于直接顶全周期应力分布特征,建立直接顶力学分析模型,得到切顶留巷直接顶全周期变形计算表达式,分析支护刚度对顶板变形的影响规律,揭示了切顶留巷直接顶全周期变形演化机理。

5.1 直接顶受力特征分析

由第 2 章切顶留巷直接顶全周期结构演化特征可知,巷道在工作面开采期间服务周期长,需经历掘进阶段、一次采动及二次采动阶段影响,根据切顶巷道在工作面开采期间的顶板运动特征,将切顶留巷在全周期动压影响期间分为 5 个阶段:Ⅰ——掘进阶段、Ⅱ——一次采动超前影响阶段、Ⅲ——一次采动留巷影响阶段、Ⅳ——留巷稳定阶段、Ⅴ——二次采动影响阶段。根据巷道顶板与采空区顶板力学约束特征又可将顶板分为切顶阶段及未切顶阶段,如图 5-1 所示。

直接顶在不同阶段时,由于受到采动影响,其应力处在动态调整过程,应力环境会发生变化。基于各阶段顶板运动规律,其应力分布特征如下:

① 掘进阶段:掘进扰动附加应力较小,巷道直接顶一般不会出现大变形或破断,内部裂隙扩展有限,在两端煤体的支撑作用下直接顶稳定,可将其认为是两端固支的梁结构,如图 5-2(a)所示。

② 一次采动超前影响阶段:在切顶留巷中超前工作面对顶板进行预裂爆破,削弱或切断巷道顶板与工作面顶板之间的力学联系,此时,直接顶是实体煤

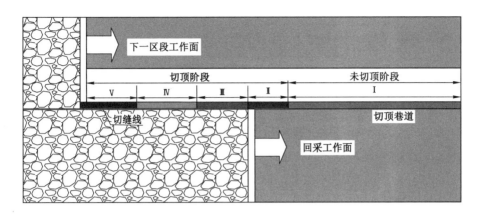

图 5-1　切顶留巷顶板全周期不同阶段分区

巷侧固支、工作面简支的悬臂梁状态,如图 5-2(b)所示。直接顶在实体煤巷、工作面煤体、人工支护的支撑作用下保持平衡,直接顶上表面受采动支承压力作用,巷道上方顶板为卸压区。

③ 一次采动留巷影响阶段:工作面开采后,工作面直接顶在重力作用下发生冒落,由于在工作面前方进行了预裂爆破,采空区直接顶与巷道直接顶已失去联系,此时,巷道上方直接顶为一端固支一端悬臂的梁结构,如图 5-2(c)所示。直接顶上下表面的应力分布与一次采动超前影响阶段相似,但是由于采动应力的影响,峰值处应力集中系数存在差异,同时,为了保证工作面一次采动留巷阶段顶板稳定,需在巷内施加临时支护。

④ 留巷稳定阶段:工作面推进之后,冒落矸石充填采空区,巷道基本顶断裂形成的关键块与工作面断裂基本顶相互咬合,形成侧向砌体梁结构。巷道上方直接顶为一端固支一端悬臂的梁结构,如图 5-2(d)所示。直接顶上表面应力分布与一次采动超前影响阶段及一次采动留巷影响阶段的应力分布规律相近,仅在峰值处应力集中系数有所差异。

⑤ 二次采动影响阶段:下一区段工作面开采期间,直接顶岩梁一端依然固支在工作面前方实体煤侧,属于一端固支,一端受冒落矸石支撑的悬臂梁结构,如图 5-2(d)所示。本阶段,切顶巷道直接顶的应力分布与前面阶段相似,由于受到二次采动支承应力影响,高应力区的应力集中系数变大,直接顶在实体煤巷帮和单体的支护作用下产生变形。

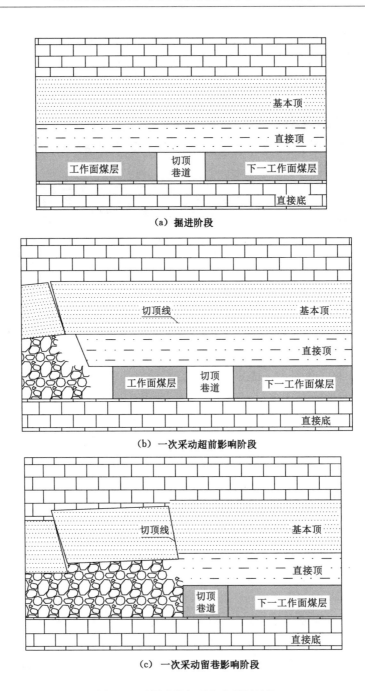

(a) 掘进阶段

(b) 一次采动超前影响阶段

(c) 一次采动留巷影响阶段

图 5-2　不同阶段切顶留巷顶板结构

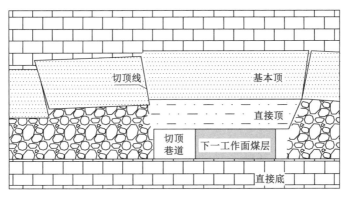

（d） 留巷稳定阶段及二次采动影响阶段

图 5-2 （续）

5.2 切顶留巷直接顶变形机理

5.2.1 巷道直接顶力学模型建立

根据第 2 章相似模拟实验得到的切顶巷道直接顶结构特征,在分析直接顶受力特征的基础上,将巷道直接顶分为两部分,其受力特征分别为:① 巷道直接顶受到的作用力为基本顶施加的支承应力及巷内支护阻力;② 煤层上方的直接顶受到的作用力分别为实体煤施加的支撑力和基本顶施加的支承应力。

将直接顶假设为弹性变形体,并且满足小变形条件,为便于理论分析做出以下假设:

① 假设基本顶对巷道上方直接顶的作用力满足均匀分布,载荷集度为 q_1。

② 将巷内被动支护集中力等效成集中载荷,其载荷大小为 R_b,本书以垛式支架表示。

③ 假设煤层对直接顶的力满足线性分布特征,该分布力系在巷帮处为 q_2,在极限平衡位置为 $\lambda_2 q_2$。

④ 假设基本顶对直接顶的力满足线性分布特征,该分布力系在巷帮处为 q_1,在极限平衡位置为 $\lambda_1 q_1$。

根据以上假设建立的力学模型如图 5-3 所示,在采掘过程中巷道周边煤体在支承压力的作用下，可能已松动甚至破坏。因此，巷道周边煤壁不适合作为沿空留巷顶板的支承点，应将巷帮煤体的塑性区与弹性区的交界处作为沿空留巷顶板的固支点或简支点，模型右边界取巷旁的切缝位置。根据小变形条件，可进一步简化建立的力学模型，简化后的力学模型如图 5-4 所示。直接顶受到的力可分为三部分：① 基本顶和实体煤对直接顶的叠加力，该分布力系大小由基本顶施加的支承应力、直接顶的重力及实体煤支撑反力叠加确定，并满足线性分布，该力系在巷帮位置的大小为 q，而在极限平衡位置的大小为 λq，λ 反映了采动应力集中的影响。② 在掘进和采动留巷过程中，直接顶上方是卸压区，只是各阶段卸压程度不同，假设该力系为均布力系，其大小为 q_1，由于锚杆支护为内力，故直接顶下表面没有受锚杆支护力作用。③ 等效集中载荷对直接顶的作用，本书以垛式支架支撑力为研究对象，在巷道断面内将该力简化为集中力，其大小为 R_b。④ 极限平衡区宽度为 a，m；巷道宽度为 b，R_b 距切顶留巷实体煤极限平衡处距离为 x_0，m；l 为切顶侧巷帮距极限平衡处位置，m；h 为直接顶厚度，m；M_a 为固定端弯矩，N·m；M_b 为悬臂端弯矩，N·m；R_a 为固定端向上支力，N；λq_2 为实体煤在极限平衡位置对直接顶的支力，N。

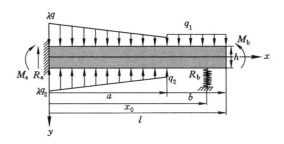

图 5-3　直接顶力学模型

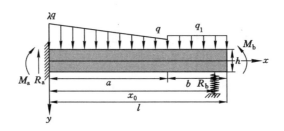

图 5-4　简化后的力学模型

5.2.2　巷道直接顶力学模型求解

由于所建立的直接顶力学模型属于二次超静定问题,无法通过平衡条件求出所有的未知力。一个可行的求解思路是根据叠加原理,将复杂分布力情况下的力学响应转化为几个简单分布力的叠加,寻求补充条件,解出所有的未知力,进而确定巷道顶板的挠度,分析巷道在不同阶段的变形规律。根据叠加原理,简化后的直接顶力学模型(图 5-4)可等效为以下 5 个基本力学模型的叠加,如图 5-5 所示。根据材料力学知识,可求出 5 个基本力学模型的挠度表达式。

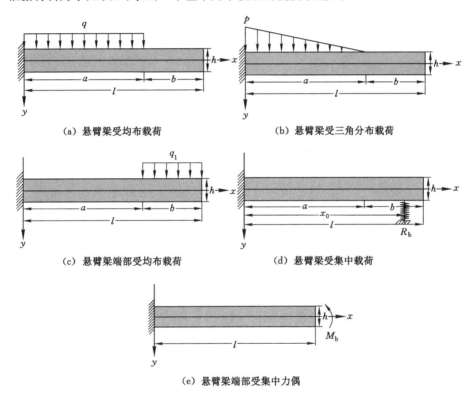

图 5-5　切顶留巷力学等效模型

(1)悬臂梁受均布载荷

如图 5-5(a)所示,根据平衡条件,可以确定固定端的约束反力:

$$R_{\text{a}} = qa, \quad M_{\text{a}} = -\frac{1}{2}qa^2 \tag{5-1}$$

确定梁横截面上的弯矩：

$$\begin{cases} M = qax - \dfrac{1}{2}qx^2 - \dfrac{1}{2}qa^2, & 0 \leqslant x \leqslant a \\ M = 0, & a < x \leqslant l \end{cases} \tag{5-2}$$

运用积分法求挠度：

$$\begin{cases} EI\omega' = -\dfrac{1}{2}qax^2 + \dfrac{1}{6}qx^3 + \dfrac{1}{2}qa^2 x + C_1, & 0 \leqslant x \leqslant a \\ EI\omega' = C_2, & a < x \leqslant l \\ EI\omega = -\dfrac{1}{6}qax^3 + \dfrac{1}{24}qx^4 + \dfrac{1}{4}qa^2 x^2 + C_1 x + C_3, & 0 \leqslant x \leqslant a \\ EI\omega = C_2 x + C_4, & a < x \leqslant l \end{cases} \tag{5-3}$$

根据边界条件及连续性条件确定积分常数：

$$C_1 = C_3 = 0, \quad C_2 = \frac{1}{6}qa^3, \quad C_4 = -\frac{1}{24}qa^4 \tag{5-4}$$

挠度表达式为：

$$\begin{cases} \omega = \dfrac{qx^2}{24EI}(6a^2 - 4ax + x^2), & 0 \leqslant x \leqslant a \\ \omega = \dfrac{qa^3}{24EI}(4x - a), & a < x \leqslant l \end{cases} \tag{5-5}$$

式中，E 为巷道顶板（直接顶）的弹性模量，GPa；I 为巷道顶板（直接顶）的惯性矩，与顶板厚度 h 有关，m^4。

（2）悬臂梁受三角分布载荷

如图 5-5(b)所示，根据平衡条件，可以确定固定端的约束反力：

$$R_a = \frac{1}{2}pa, \quad M_a = -\frac{1}{6}pa^2 \tag{5-6}$$

确定梁横截面上的弯矩：

$$\begin{cases} M = -\dfrac{a}{6a}(a - x)^3, & 0 \leqslant x \leqslant a \\ M = 0, & a < x \leqslant l \end{cases} \tag{5-7}$$

运用积分法求挠度：

$$\begin{cases} EI\omega' = -\dfrac{p}{24a}(a-x)^4 + C_1, & 0 \leqslant x \leqslant a \\[2mm] EI\omega' = C_2, & a < x \leqslant l \\[2mm] EI\omega = \dfrac{p}{120a}(a-x)^5 + C_1 x + C_3, & 0 \leqslant x \leqslant a \\[2mm] EI\omega = C_2 x + C_4, & a < x \leqslant l \end{cases} \tag{5-8}$$

根据边界条件及连续性条件确定积分常数：

$$C_1 = C_2 = \frac{1}{24}pa^3, \quad C_3 = C_4 = -\frac{1}{120}pa^4 \tag{5-9}$$

挠度表达式为：

$$\begin{cases} \omega = \dfrac{px^2}{120aEI}(10a^3 - 10a^2 x + 5ax^2 - x^3), & 0 \leqslant x \leqslant a \\[2mm] \omega = \dfrac{pa^3}{120EI}(5x - a), & a < x \leqslant l \end{cases} \tag{5-10}$$

（3）悬臂梁端部受均布载荷

如图 5-5(c) 所示，根据平衡条件，可以确定固定端的约束反力：

$$R_a = q_1 b, \quad M_a = -q_1 b \left(\frac{b}{2} + a \right) \tag{5-11}$$

确定梁横截面上的弯矩：

$$\begin{cases} M = q_1 b x - q_1 b \left(\dfrac{b}{2} + a \right), & 0 \leqslant x \leqslant a \\[2mm] M = -q_1 \dfrac{(l-x)^2}{2}, & a < x \leqslant l \end{cases} \tag{5-12}$$

运用积分法求挠度：

$$\begin{cases} EI\omega' = \dfrac{1}{2}q_1 b(L+a)x - \dfrac{1}{2}q_1 b x^2 + C_1, & 0 \leqslant x \leqslant a \\[2mm] EI\omega' = \dfrac{1}{6}q_1(3l^2 x - 3lx^2 + x^3) + C_2, & a < x \leqslant l \\[2mm] EI\omega = \dfrac{1}{4}q_1 b(L+a)x^2 - \dfrac{1}{6}q_1 b x^3 + C_1 x + C_3, & 0 \leqslant x \leqslant a \\[2mm] EI\omega = \dfrac{1}{24}q_1(6l^2 x^2 - 4lx^3 + x^4) + C_2 x + C_4, & a < x \leqslant l \end{cases}$$

$$\tag{5-13}$$

根据边界条件及连续性条件确定积分常数：

$$C_1 = C_3 = 0, C_2 = -\frac{1}{6}q_1 a^3, C_4 = \frac{1}{24}q_1 a^4 \tag{5-14}$$

挠度表达式为：

$$\begin{cases} \omega = \dfrac{q_1 x^2}{12EI}(3bl + 3ab - 2bx), & 0 \leqslant x \leqslant a \\[3mm] \omega = \dfrac{q_1}{24EI}(x^4 - 4lx^3 + 6l^2 x^2 - 4a^3 x + a^4), & a < x \leqslant l \end{cases} \tag{5-15}$$

（4）悬臂梁受集中载荷

如图 5-5（d）所示，根据平衡条件，可以确定固定端的约束反力：

$$R_a = -R_b, M_a = R_b x_0 \tag{5-16}$$

式中，R_b 为图 5-3 所示的悬臂端约束反力，N；M_b 为悬臂端弯矩，N·m。其中 x_0 的范围为 $a < x_0 \leqslant l$。

确定梁横截面上的弯矩：

$$\begin{cases} M = R_b(x_0 - x), 0 \leqslant x \leqslant x_0 \\ M = 0, & x_0 < x \leqslant l \end{cases} \tag{5-17}$$

运用积分法求挠度：

$$EI\omega'' = R_b(x - x_0) \tag{5-18}$$

$$\begin{cases} EI\omega' = \dfrac{1}{2}R_b x^2 - R_b x_0 x + C_1, & 0 \leqslant x \leqslant x_0 \\[3mm] EI\omega' = C_2, & x_0 < x \leqslant l \\[3mm] EI\omega = \dfrac{1}{6}R_b x^3 - \dfrac{1}{2}R_b x_0 x^2 + C_1 x + C_3, & 0 \leqslant x \leqslant x_0 \\[3mm] EI\omega = C_2 x + C_4, & x_0 < x \leqslant l \end{cases} \tag{5-19}$$

根据边界条件及连续性条件确定积分常数：

$$C_1 = C_3 = 0, C_2 = -\frac{1}{2}R_b x_0^2, C_4 = \frac{1}{6}R_b x_0^3 \tag{5-20}$$

挠度表达式为：

$$\begin{cases} \omega = \dfrac{1}{6EI}R_b x^3 - \dfrac{1}{2EI}R_b x_0 x^2, & 0 \leqslant x \leqslant x_0 \\[3mm] \omega = -\dfrac{q_1}{2EI}R_b x_0^2 x + \dfrac{1}{6EI}R_b x_0^3, & x_0 < x \leqslant l \end{cases} \tag{5-21}$$

（5）悬臂梁端部受集中力偶

如图 5-5（e）所示，悬臂梁任一截面挠度为：

$$\omega(x) = -\frac{M_b x^3}{2EI} \quad 0 \leqslant x \leqslant l \tag{5-22}$$

根据叠加原理,垛式支架支护位置 x_0 处,巷道任一点的挠度可以表示为:

$$y(x) = \begin{cases} \dfrac{qa^3}{24EI}(4x-a) + \dfrac{pa^3}{120EI}(5x-a) + \dfrac{q_1}{24EI}(x^4 - 4lx^3 + 6l^2x^2 - 4a^3x + a^4) + \\ \dfrac{1}{6EI}R_b x^3 - \dfrac{1}{2EI}R_b x_0 x^2 - \dfrac{M_b x^3}{2EI}, \qquad\qquad a \leqslant x \leqslant x_0 \\[3mm] \dfrac{qa^3}{24EI}(4x-a) + \dfrac{pa^3}{120EI}(5x-a) + \dfrac{q_1}{24EI}(x^4 - 4lx^3 + 6l^2x^2 - 4a^3x + a^4) - \\ \dfrac{1}{2EI}R_b x_0^2 x + \dfrac{1}{6EI}R_b x_0^3 - \dfrac{M_b x^3}{2EI}, \qquad\qquad x_0 < x \leqslant l \end{cases} \tag{5-23}$$

当顶板未切缝时,巷道两帮的载荷可认为是对称的,因此巷道两帮的下沉变形也是对称的,故有 $(\omega)_{x=a} = (\omega)_{x=l}$。据此可以建立位移协调方程:

$$\frac{qa^4}{8EI} + \frac{pa^4}{30EI} + \frac{q_1 a^2}{12EI}(3l^2 - 2la - a^2) + \frac{1}{6EI}R_b a^3 - \frac{1}{2EI}R_b la^2 - \frac{M_b a^3}{2EI}$$
$$= \frac{qa^3}{24EI}(4l-a) + \frac{pa^3}{120EI}(5l-a) + \frac{q_1}{24EI}(3l^4 - 4a^3l + a^4) - \frac{1}{3EI}R_b l^3 - \frac{M_b l^3}{2EI} \tag{5-24}$$

将式(5-24)进行化简,得到:

$$4qa^3(a-l) + pa^3(a-l) + 3q_1(2l^2a^2 - a^4 - l^4)$$
$$= 12M_b(a^3 - l^3) + 4R_b(3la^2 - 2l^3 - a^3) \tag{5-25}$$

若设临时支护体(垛式支架)支护刚度为 k,则由垛式支架的受力 R_b 可以确定出刚体的变形量,此变形量也就是巷道顶板在所有外力作用下的挠度,即满足 $R_b = k\omega$。

$$\frac{qa^3}{24EI}(4x-a) + \frac{pa^3}{120EI}(5x-a) + \frac{q_1}{24EI}(x^4 - 4lx^3 + 6l^2x^2 - 4a^3x + a^4) +$$
$$\frac{1}{6EI}R_b x^3 - \frac{1}{2EI}R_b x_0 x^2 - \frac{M_b x^3}{2EI} = \frac{R_b}{k} \tag{5-26}$$

未切顶阶时,k 对应煤层的刚度,则将 $x = x_0 = l$ 代入式(5-26),有:

$$5qa^3(4l-a) + pa^3(5l-a) + 5q_1(3l^4 - 4a^3l + a^4) = \frac{120EI}{k}R_b + 40R_b l^3 + 60M_b l^3 \tag{5-27}$$

根据建立的位移协调方程(5-26)及(5-27),联立可求解出 R_b, M_b:

$$M_b = \frac{4qa^3(a-l) + pa^3(a-l) + 3q_1(2l^2a^2 - a^4 - l^4) - 4R_b(3la^2 - 2l^3 - a^3)}{12(a^3 - l^3)}$$

(5-28)

其中:

$$R_b = \frac{\begin{bmatrix} 5qa^3(4l-a)(a^3-l^3) + pa^3(5l-a)(a^3-l^3) + 5q_1(3l^4 - 4a^3l + a^4)(a^3-l^3) - \\ 20qa^3(a-l)l^3 - 5pa^3(a-l)l^3 - 15q_1(2l^2a^2 - a^4 - l^4)l^3 \end{bmatrix}}{20\left[6\dfrac{EI}{k}(a^3-l^3) + 3a^2l^3(a-l)\right]}$$

(5-29)

进而根据公式(5-23)可求得巷道未切缝时任一点的位移:

$$y(x) = \frac{qa^3}{24EI}(4x-a) + \frac{pa^3}{120EI}(5x-a) +$$

$$\frac{q_1}{24EI}(x^4 - 4lx^3 + 6l^2x^2 - 4a^3x + a^4) +$$

(5-30)

$$\frac{1}{6EI}R_b x^3 - \frac{1}{2EI}R_b lx^2 - \frac{M_b x^3}{2EI}$$

式中的 R_b, M_b 均为已知。

切顶完成后,此时 $M_b = 0$,则补充条件可化简为:

$$\begin{cases} \dfrac{qa^3}{24EI}(4x-a) + \dfrac{pa^3}{120EI}(5x-a) + \dfrac{q_1}{24EI}(x^4 - 4lx^3 + 6l^2x^2 - 4a^3x + a^4) - \\[2mm] \dfrac{1}{2EI}R_b x_0^2 x + \dfrac{1}{6EI}R_b x_0^3 = \dfrac{R_b}{k}, \qquad x_0 \leqslant x \\[4mm] \dfrac{qa^3}{24EI}(4x-a) + \dfrac{pa^3}{120EI}(5x-a) + \dfrac{q_1}{24EI}(x^4 - 4lx^3 + 6l^2x^2 - 4a^3x + a^4) + \\[2mm] \dfrac{1}{6EI}R_b x^3 - \dfrac{1}{2EI}R_b x_0 x^2 = \dfrac{R_b}{k}, \qquad a_0 \leqslant x < x_0 \end{cases}$$

(5-31)

进而可求得顶板的下沉量为:

$$y(x) = \begin{cases} \dfrac{5qa^3(4x-a) + pa^3(5x-a) + 5q_1(x^4 - 4lx^3 + 6l^2x^2 - 4a^3x + a^4)}{120EI + 20kx_0^2(3x - x_0)}, x_0 \leqslant x \\[4mm] \dfrac{5qa^3(4x-a) + pa^3(5x-a) + 5q_1(x^4 - 4lx^3 + 6l^2x^2 - 4a^3x + a^4)}{120EI + 20kx_0^2(3x_0 - x)}, a \leqslant x < x_0 \end{cases}$$

(5-32)

根据图 5-4 与图 5-5(a)、图 5-5(b)所示力的关系,有:

$$\lambda q - q = p \tag{5-33}$$

将式(5-33)代入式(5-32)后,得巷道顶板全周期的变形量为:

$$y(x) = \begin{cases} \dfrac{q(15a^3x + 5\lambda a^3x - 4a^4 - \lambda a^4) + 5q_1(x^4 - 4lx^3 + 6l^2x^2 - 4a^3x + a^4)}{120EI + 20kx_0^2(3x - x_0)}, x_0 \leqslant x \\[4mm] \dfrac{q(15a^3x + 5\lambda a^3x - 4a^4 - \lambda a^4) + 5q_1(x^4 - 4lx^3 + 6l^2x^2 - 4a^3x + a^4)}{120EI + 20kx_0^2(3x_0 - x)}, a \leqslant x < x_0 \end{cases}$$

$$\tag{5-34}$$

5.2.3 巷道直接顶变形机理关键参数取值分析

5.2.3.1 q_1 取值分析

在切顶留巷不同阶段,直接顶所受载荷有较大差异。在巷道开采之前,直接顶承受覆岩重力作用,开采相当于突然撤消了原巷道空间内的岩石作用载荷,此时巷道直接顶上覆载荷 q_1 为上覆岩层重量(图 5-6),计算公式为:

$$q_1 = \sum_{n=1}^{n} \gamma_n h_n \tag{5-35}$$

式中,γ_n 为第 n 层岩层体积力,kN/m³;h_n 为第 n 层岩层厚度,m。

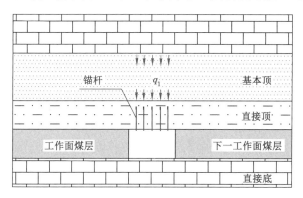

图 5-6　锚杆(索)对直接顶的受力分析图

当直接顶受采动影响时,伴随着直接顶应力的重新分布,该区域处于卸压状态,在一次采动超前影响阶段、一次采动留巷影响阶段、留巷稳定阶段和二次采动影响阶段的卸压程度不同。计算过程中 q_1 为巷道宽度范围内直接顶上覆岩层施加给直接顶的均布载荷,通过数值模拟或现场实测确定。

5.2.3.2 支护刚度 k 的取值计算

计算模型中的等效集中载荷 R_b 由巷旁垛式支架或单体支柱提供。根据胡克定律可知:

$$R_b = k\Delta s \qquad (5-36)$$

式中, k 为等效集中载荷系统刚度, $N \cdot m$; Δs 为位移增量, m。

支护装备在出厂时对刚度已经标定,但是在现场使用过程中工况复杂,为了提高系统刚度 k 的准确性,在实际计算中运用式(5-36)对工作阻力和支护体变形量进行观测,依次拟合得到实际的系统刚度。

5.2.3.3 巷帮距离极限平衡位置 a 的取值计算

巷道掘进阶段,即超前工作面一定范围,不受采动影响,认为巷道处于原岩应力状态。在该类情况下, a 的取值一般为松动圈范围,松动圈的计算一般采用基于 M-C 准则的卡斯特纳方程计算:

$$R_p = R_0 \left[\frac{(p_0 + c\cot\varphi)(1 - \sin\varphi)}{p_1 + c\cot\varphi} \right]^{\frac{1-\sin\varphi}{2\sin\varphi}} \qquad (5-37)$$

式中, R_0 为巷道半径, m; p_0, p_1 分别是原岩应力和支护反力, MPa; c 为黏聚力, MPa; φ 为内摩擦角, $(°)$。

一侧采空后, a 的最大取值范围为基本顶在下一区段实体煤发生断裂处,其计算公式为式(4-35),巷帮距极限平衡区位置距离 a 也可通过现场实测确定。

为验证理论计算结果的正确性,结合祁东煤矿 7135 工作面回风巷具体工程地质资料,计算选用一次采动留巷影响阶段顶板受力参数,所涉及的参数有: $E = 2.5\ GPa$, $\gamma = 250\ kN/m^3$, $h = 3\ m$, $q_1 = 8\ MPa$;其他计算参数取值依据现场实测确定: $a = 4.0\ m$, $\lambda = 2.0$, $x_0 = 8.3\ m$, $I = 2.25\ m^4$, $q = 6\ MPa$, $k = 6.62 \times 10^6\ N/m$。计算切缝后留巷稳定阶段顶板最大下沉量为 280 mm。

5.3 巷道顶板变形影响因素分析

在掘进期间,煤层刚度是影响顶板下沉的关键因素,为研究煤层刚度对顶板下沉量的影响,将不同刚度代入公式,得到巷道范围内顶板下沉曲线如图 5-7 所示。

从图 5-7 中可以看出,当切顶巷道直接顶两侧为实体煤支撑时,顶板下沉变形呈对称分布,在巷道中部下沉量最大。当煤层刚度从 $1 \times 10^7\ N/m$ 增加到 $9 \times 10^7\ N/m$ 时,顶板最大下沉量从 330 mm 降到 200 mm,降低了 39.4%,说明在其他因素不变的情况下,提高煤层刚度可有效降低顶板最大下沉量。在工程实践中,如果煤帮破碎或者顶板下沉量过大,可考虑通过向煤帮注化学浆或水泥浆提高煤层刚度,进而降低顶板下沉量。

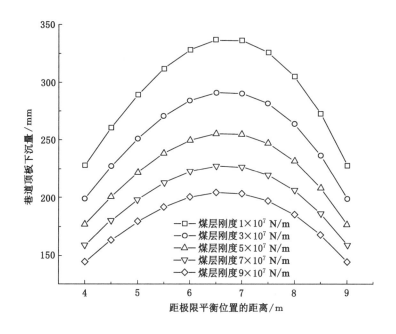

图 5-7 煤层刚度对顶板下沉量影响

切顶后,巷内临时支护(垛式支架)支护位置及其刚度对于顶板控制十分重要。

图 5-8 是巷内临时支护不同支护位置对顶板下沉量的影响曲线。由图 5-8 可知,顶板下沉量向采空区侧逐渐增加,总体呈现抛物线形式增加,越靠近切顶处的下沉量越大,且支护位置越靠近切顶处,顶板下沉量越小。以支护位置在 6.3 m 为例,煤帮侧的顶板下沉量为 100 mm,切顶位置处顶板下沉量增加到 340 mm,增加了 70.1%,说明当工作面推进之后,切断的覆岩会向采空区侧旋转下沉。当支护位置从距极限平衡位置 8.3 m 到距离 4.3 m 时,顶板下沉量逐渐增大,支护位置距极限平衡位置 4.3 m 时,切顶处最大顶板下沉量为 430 mm。当支护位置距极限平衡位置 8.3 m 时,顶板最大下沉量为 275 mm,降低了 36.0%。工程实践中,可将临时支护体靠近切顶侧顶板支护,以控制顶板下沉变形。

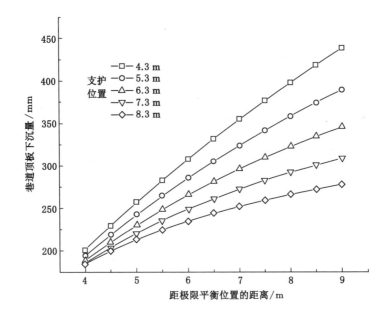

图 5-8　不同支护位置对顶板下沉量的影响曲线

支护刚度对顶板下沉量的影响趋势如图 5-9 所示。当支护刚度从 4.2×10^6 N/m 增加到 8.2×10^6 N/m 时，巷道顶板下沉量逐渐减小，越靠近切顶侧顶板下沉量越大，在支护刚度为 4.2×10^6 N/m 时，顶板下沉量最大值为 338 mm，当支护刚度增加到 8.2×10^6 N/m 时，顶板下沉量最大值为 235 mm，降低了 30.5％。工程实践中，可增加临时支护体数量，以增加支护刚度，控制顶板下沉变形。

综上分析，提高留巷顶板临时支护体支护刚度可以有效减小顶板下沉量，同时，临时支护体靠近切顶位置能够有效控制顶板下沉。切顶留巷期间，单一支护体支护能够有效控制顶板下沉，但也使得高刚度单一支护体在顶板下沉时积聚弹性能，不利于支护体的安全回撤。因此，为了控制顶板下沉，充分发挥支护刚度与顶板下沉的匹配性，可在巷道断面方向采用并联支护，增加支护体数量，提高支护刚度，且在留巷期间，临时支护体应尽量靠近切顶侧。

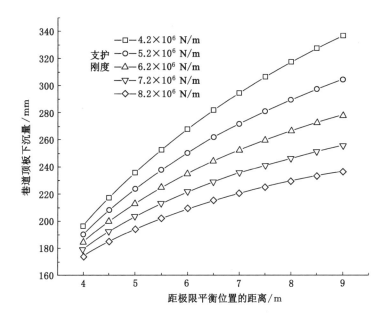

图 5-9　支护刚度对顶板下沉量的影响趋势

5.4　本章小结

以巷道直接顶为研究对象,将直接顶假设为弹性变形体,分析了切顶留巷直接顶受力特征,并将巷道顶板变形分为 5 个阶段。运用力的叠加原理及引入等效集中载荷,建立了切顶留巷直接顶全周期力学模型,获得了留顶留巷全周期在不同位置变形计算公式。本章主要结论如下:

① 基于切顶留巷直接顶全周期受力特征,将巷道顶板变形分为掘进阶段、一次采动超前影响阶段、一次采动留巷影响阶段、留巷稳定阶段及二次采动影响阶段,建立了切顶留巷直接顶全周期力学模型,获得了切顶留巷直接顶全周期变形计算表达式,并对表达式中关键参数的取值进行了分析。

② 获得了切顶留巷直接顶全周期变形演化机理,分析了切顶前后巷道顶板变形规律。切顶前,巷道顶板变形以中线位置呈对称分布,最大顶板变形量发生在巷道中部;留巷期间,巷道顶板变形量发生在切顶侧,在一次采动留巷影响阶段顶板最大下沉量为 280 mm。

③ 分析了切顶留巷顶板下沉变形的影响因素,获得了留巷期间顶板下沉量与巷内临时支护位置及支护刚度之间的量化关系,提出了在工程实践中,临时支护控制顶板变形的可行方法为:沿巷道断面方向采用并联支护,增加支护体数量,提高支护刚度。

6　深井切顶留巷顶板协同控制技术

切顶线切断了两侧顶板的力学传递,起到了优化顶板应力环境的作用,为切顶巷道顶板支护提供了基础条件。切顶巷道顶板下沉控制不同于常规沿空留巷,巷内支护的主要形式为临时支护与主动支护(锚杆支护、锚索支护),支护的作用不仅在于控制顶板变形,还要适应顶板变形。切顶巷道支护的主要参数为临时支护体支护刚度、锚杆支护预紧力及支护间排距。在第5章的研究基础上,本章建立切顶巷道直接顶与基本顶组合力学模型,以层间错动为判据,研究切顶巷道顶板协同支护机理,并针对祁东煤矿7135工作面回风巷提出支护技术并考察支护效果。

6.1　切顶留巷顶板协同支护机理

6.1.1　滞后工作面顶板运动特征

切顶巷道工作面开采后,采空区直接顶与基本顶沿切顶线发生断裂垮落,巷道基本顶与直接顶处于悬臂状态,在顶板自重及侧向支承应力作用下,巷道顶板向采空区方向弯曲下沉,如图6-1所示。当锚杆支护贯穿于两岩层,即由直接顶支护至基本顶时,岩层间的错动受到锚杆支护的阻抗,研究层间剪力差与锚杆抗剪力差是判断岩层错动的主要指标。当直接顶较厚,且超过锚杆支护长度时,锚杆不能贯穿于两岩层,以锚索为研究对象时的研究方法与锚杆支护时的研究方法一致。

由于两岩层间的黏聚力及摩擦力小,当在无支护条件下,两岩层在下沉过程中产生的剪切力大于沿层间摩擦力及层间黏聚力,岩层发生错动进而产生离层。当在支护条件下,单位面积内的锚杆支护体具备的抗剪力能够阻碍两岩层间的错动,当两岩层下沉变形产生的剪力大于锚杆支护体具备的抗剪力时,则会引起锚杆支护体剪切破坏,进而发生顶板离层甚至垮落。

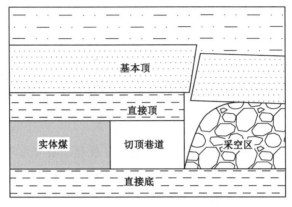

（a）一次采动留巷影响阶段

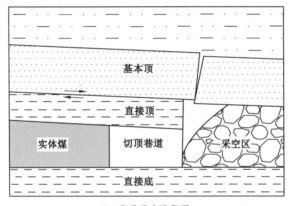

（b）留巷稳定阶段顶

图 6-1　留巷期间顶板运动状态

6.1.2　层间错动判据

为适用工程实践,本章计算过程以锚杆作为研究对象。

6.1.2.1　剪力计算表达式

为获得留巷期间直接顶与基本顶之间产生的剪力,根据第 4 章切顶巷道基本顶力学模型及第 5 章直接顶力学模型,建立直接顶与基本顶组合力学模型,如图 6-2 所示。为方便计算,做以下假设:

① 直接顶与基本顶均为弹性变形体。

② 直接顶与基本顶之间不发生离层。

③ 直接顶与基本顶之间的黏聚力 c_0 与内摩擦角 φ_0 为定值。

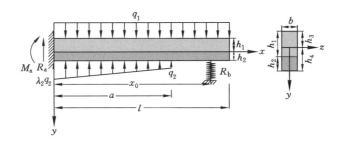

图 6-2　直接顶与基本顶组合力学模型

R_b 的计算可用公式(5-29)得到：

$$R_b = \frac{\begin{bmatrix} (q_1 - q_2)(15a^3 x_0 - a^4) + (q_1 - \lambda_2 q_2)(5a^3 x_0 - a^4) + \\ 5q_1(x_0^4 + 4l x_0^3 + 6l^2 x_0^2 - 4a^3 x_0 + a^4) \end{bmatrix}}{\dfrac{120EI}{k} + 40x_0^3} \quad (6\text{-}1)$$

巷道直接顶与基本顶弯矩表达式为：

$$M(x) = \begin{cases} R_b(x_0 - x) - \dfrac{q_1}{2}(l - x)^2, & a \leqslant x \leqslant x_0 \\ -\dfrac{q_1}{2}(l - x)^2, & x_0 < x \leqslant l \end{cases} \quad (6\text{-}2)$$

由顶板弯曲变形产生的剪力 $V(x)$ 可表示为：

$$V(x) = \begin{cases} q_1(l - x) - R_b, & a \leqslant x \leqslant x_0 \\ q_1(l - x), & x_0 < x \leqslant l \end{cases} \quad (6\text{-}3)$$

式中，$y(x)$ 为巷道中位置 x 处的挠度，m；q_1 为巷道顶板叠加应力，MPa；q 为巷帮实体煤叠加应力，MPa；a 为巷道左帮距离极限平衡位置的长度，m；l 为巷道右帮距离极限平衡位置的长度，m；λ 为极限平衡位置的应力集中程度；E 为巷道顶板(直接顶)的弹性模量，GPa；I 为巷道顶板(直接顶)的惯性矩，与顶板厚度 h 有关；k 为临时支护体支护刚度，N/m；x_0 为临时支护体支护位置，m。

6.1.2.2　中性轴计算

设基本顶的弹性模量为 E_1，直接顶的弹性模量为 E_2，y 为距中性轴的距离，κ 为中性轴变形后的曲率，则直接顶和基本顶的法向应力可表示为：

$$\sigma_{x1} = \kappa E_1 y, \sigma_{x2} = \kappa E_2 y \quad (6\text{-}4)$$

根据中性轴的性质，梁的中性轴不受力，可得：

$$\int_{A_1} \sigma_{x1} dA_1 + \int_{A_2} \sigma_{x2} dA_2 = 0 \quad (6\text{-}5)$$

式中，A_1，A_2 分别为梁中性轴上下截面面积，m^2。

将式(6-4)代入式(6-5)后可得：

$$E_1 \int_{A_1} y \mathrm{d}A_1 + E_2 \int_{A_2} y \mathrm{d}A_2 \tag{6-6}$$

令 h_3，h_4 表示中性轴距离组合梁底面及顶面的距离（图 6-2），根据式(6-6)，则有：

$$h_3 = \frac{2E_2 h_1 h_2 + E_2 h_2^2 + E_1 h_1^2}{2E_2 h_2 + 2E_1 h_1} \tag{6-7}$$

式中，h_1，h_2 分别为梁中性轴上下截面高度，m。

6.1.2.3 层间错动判据

设 M 为顶板横截面任一处的弯矩，则：

$$\kappa E_1 \int_{A_1} y^2 \mathrm{d}A_1 + \kappa E_2 \int_{A_2} y^2 \mathrm{d}A_2 = M \tag{6-8}$$

由式(6-8)可以将曲率表示为：

$$\kappa = \frac{M}{E_1 I_1 + E_2 I_2} \tag{6-9}$$

此时的 $E_1 I_1 + E_2 I_2$ 相当于以单层梁的 EI，则基本顶和直接顶中的应力可以表示为：

$$\begin{cases} \sigma_1 = \dfrac{M E_1}{E_1 I_1 + E_2 I_2} y \\[3mm] \sigma_2 = \dfrac{M E_2}{E_1 I_1 + E_2 I_2} y \end{cases} \tag{6-10}$$

令 $I_{11} = \dfrac{E_1 I_1 + E_2 I_2}{E_1}$，$I_{22} = \dfrac{E_1 I_1 + E_2 I_2}{E_2}$，则式(6-10)可化为：

$$\begin{cases} \sigma_1 = \dfrac{M}{I_{11}} y \\[3mm] \sigma_2 = \dfrac{M}{I_{22}} y \end{cases} \tag{6-11}$$

在基本顶中截取相距 $\mathrm{d}x$ 的两截面，其两端的弯矩分别为 M 与 $M + \mathrm{d}M$。根据平衡方程可计算出基本顶与直接顶层间剪力：

$$\tau b \mathrm{d}x = \int_{h_1 - h_3}^{h_1 + h_2 - h_3} \frac{(M + \mathrm{d}M)}{I_{22}} y \mathrm{d}A - \int_{h_1 - h_3}^{h_1 + h_2 - h_3} \frac{M}{I_{22}} y \mathrm{d}A \tag{6-12}$$

式(6-12)可化简为：

$$\tau = \frac{V(x)}{b I_{22}} \int_{h_1 - h_3}^{h_1 + h_2 - h_3} y \mathrm{d}A = \frac{V(x)}{I_{22}} \left(h_1 h_2 - h_2 h_3 + \frac{h_2^2}{2} \right) \tag{6-13}$$

式中，$V(x)$ 为截面 x 处的剪力，N；A 为 x 处截面面积，m^2，将式（6-3）代入式（6-13），可得：

$$\tau = \begin{cases} \dfrac{E_2[q_1(l-x)-R_b]}{E_1 I_1 + E_2 I_2}\left(h_1 h_2 - h_2 h_3 + \dfrac{h_2^2}{2}\right), a \leqslant x \leqslant x_0 \\[4mm] \dfrac{q_1 E_2 (l-x)}{E_1 I_1 + E_2 I_2}\left(h_1 h_2 - h_2 h_3 + \dfrac{h_2^2}{2}\right), \qquad x_0 < x \leqslant l \end{cases} \quad (6\text{-}14)$$

其中，

$$R_b = \dfrac{\begin{bmatrix}(q_1 - q_2)(15a^3 x_0 - a^4) + (q_1 - \lambda_2 q_2)(5a^3 x_0 - a^4) + \\ 5q_1(x_0^4 - 4l x_0^3 + 6l^2 x_0^2 - 4a^3 x_0 + a^4)\end{bmatrix}}{\dfrac{120EI}{k} + 40 x_0^3} \quad (6\text{-}15)$$

$$h_3 = \dfrac{2E_2 h_1 h_2 + E_2 h_2^2 + E_1 h_1^2}{2E_2 h_2 + 2E_1 h_1} \quad (6\text{-}16)$$

设基本顶与直接顶之间的黏聚力为 c_0，内摩擦为 φ_0，若锚杆支护后由锚杆提供的两层之间的压应力为 σ，则两层之间的剪力可表示为：

$$\tau_{\text{层}} = c_0 + \sigma \tan \varphi_0 \quad (6\text{-}17)$$

当锚杆有效支护面积为 S 时，如图 6-3 所示，则直接顶与基本顶在有效支护面积内的层间摩擦力可表示为式（6-18），两岩层弯曲变形产生在锚杆有效支护面积内产生的剪力可表示为式（6-19）：

$$F_N = \tau_{\text{层}} \times S \quad (6\text{-}18)$$

$$F_B = \tau \times S \quad (6\text{-}19)$$

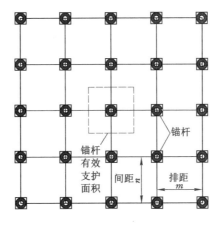

图 6-3　锚杆有效支护面积示意图

假设锚杆最大抗剪力为 F_C，若直接顶与基本顶层间不发生错动，则两岩层弯曲变形产生的剪力与两岩层间摩擦力之差小于锚杆最大抗剪力，两层间错动判据可表示为：

$$[F_B - F_N]_{max} < F_C \tag{6-20}$$

6.1.3 顶板协同支护量化关系

由式(6-20)可知，当直接顶与基本顶岩层弯曲变形产生的剪力在单根锚杆有效支护面积内产生的剪力差小于锚杆杆体提供的抗剪力，则认为锚杆支护能够控制岩层间错动，当剪力差大于锚杆杆体提供的抗剪力时，则认为锚杆发生剪切破坏，岩层间发生错动，不利于顶板稳定控制。

针对祁东煤矿 7135 工作面具体工程条件，平均埋深为 520 m，单位长度内的直接顶与基本顶物理力学参数固定，当临时支护体等效集中载荷 R_b 的位置固定时，研究当锚杆位置在巷道中部，即 $x = 6.5$ m，给定其他参数，如锚杆杆体在有效支护面积提供的抗剪力为固定值，$\phi20$ mm 螺纹钢锚杆抗剪力为 67.6 kN，锚杆预紧力 $F_A = 100$ kN，支护刚度 $k = 6.2 \times 10^6$ N/m、临时支护体支护位置 $x_0 = 8.3$ m，两岩层弯曲变形产生的剪力差与支护间排距关系，如表 6-1 所示。随着支护间排距的增加，层间剪力差随之增大。当层间剪力差与锚杆抗剪力之差数值为负时，则锚杆支护能够阻抗岩层间错动；当层间剪力差与锚杆抗剪力之差数值为正时，则锚杆支护不能阻抗岩层间错动。由表 6-1 可知，祁东煤矿 7135 工作面支护间排距不能大于 1.0 m×1.0 m。

表 6-1 支护间排距与剪力差量化关系

支护网度 /m²	层间剪力差 /N	锚杆抗剪力 /N	层间剪力差与锚杆抗剪力差	层间是否发生错动
0.6×0.6	-3.14×10^3	6.76×10^4	-7.07×10^4	否
0.7×0.7	8.87×10^3	6.76×10^4	-5.87×10^4	否
0.8×0.8	2.27×10^4	6.76×10^4	-4.49×10^4	否
0.9×0.9	3.84×10^4	6.76×10^4	-2.92×10^4	否
1.0×1.0	5.60×10^4	6.76×10^4	-1.16×10^4	否
1.1×1.1	7.54×10^4	6.76×10^4	7.80×10^3	是
1.2×1.2	9.66×10^4	6.76×10^4	2.90×10^4	是

根据表 6-1，改变临时支护体等效集中载荷 R_b 的支护刚度 k，得层间剪力差

与临时支护体支护刚度及锚杆支护间排距的量化关系,如图 6-4 所示。

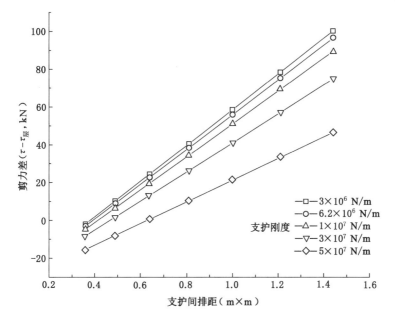

图 6-4　剪力差与支护间排距及临时支护体支护刚度的变化关系

　　临时支护体支护刚度的增加能够有效减小层间剪力差,提高锚杆支护稳定性;减小锚杆支护间排距同样能够减小层间剪力差,提高锚杆对岩层错动抵抗能力。当巷内临时支护体支护刚度一定时,层间剪力差与锚杆支护间排距呈线性增大关系。

　　当确定支护间排距为 0.8 m×0.8 m,其他计算参数确定为:支护刚度 $k=6.2×10^6$ N/m,临时支护体支护位置 $x_0=8.3$ m,锚杆位置 $x=6.5$ m。

　　改变锚杆预紧力,可得层间剪力差与锚杆抗剪力之差,随着锚杆预紧力增大,层间剪力差减小,与锚杆抗剪力差由正值变负值,锚杆支护控制岩层间错动能力由弱变强。由表 6-2 可知,以祁东煤矿 7135 工作面为工程背景,研究得出锚杆预紧力不能小于 100 kN。

表 6-2　锚杆预紧力与剪力差量化关系

锚杆预紧力 /kN	层间剪力差 /N	锚杆抗剪力 /kN	层间剪力差与 锚杆抗剪力差	层间是否 发生错动
80	$7.28×10^4$	67.6	$5.25×10^3$	是
90	$6.92×10^4$	67.6	$1.61×10^3$	是

表 6-2（续）

锚杆预紧力/kN	层间剪力差/N	锚杆抗剪力/kN	层间剪力差与锚杆抗剪力差	层间是否发生错动
100	6.56×10^4	67.6	-2.03×10^3	否
110	6.19×10^4	67.6	-5.67×10^3	否
120	5.83×10^4	67.6	-9.31×10^3	否
130	5.46×10^4	67.6	-1.30×10^4	否
140	5.10×10^4	67.6	-1.66×10^4	否

根据表 6-2，改变临时支护体等效集中载荷 R_b 的支护刚度 k，得层间剪力差与临时支护体支护刚度及锚杆预紧力之间的量化关系，如图 6-5 所示。

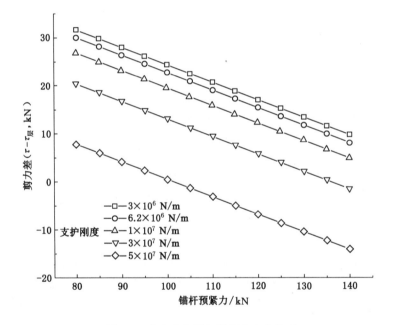

图 6-5　剪力差与锚杆预紧力变化关系

临时支护体支护刚度的增加能够有效减小层间剪力差，提高锚杆支护稳定性；增大锚杆支护预紧力同样能够减小层间剪力差，提高锚杆对岩层错动抵抗能力。当巷道顶板临时支护体支护刚度一定时，层间剪力差与锚杆预紧力呈线性减小关系。

6.1.4 顶板协同支护埋深因素分析

切顶留巷煤层埋深的改变引起顶板应力场的改变,随着埋深的增加,工作面开采期间引起的顶板支承应力随之增大,根据第 3 章数值模拟分析可知,当埋深为 300 m 时,其留巷期间基本顶最大主应力约为 9.2 MPa,当埋深增加至 800 m 时,留巷期间基本顶最大主应力约为 26 MPa,因此基于祁东煤矿 7135 工作面工程背景下,设定不同埋深巷道直接顶与基本顶层间黏聚力、内摩擦角为固定值,留巷期间的侧向应力集中系数为固定值,改变基本顶上部载荷 q_1、实体煤对直接顶的支撑力 q_2 以适应埋深的变化,其中 q_1 及 q_2 的取值由数值模拟确定,由此可得,不同埋深层间剪力差与支护参数变化关系如图 6-6、图 6-7 所示。

由图 6-6 可知,浅埋深顶板应力场较小,基本顶上部支承应力小,直接顶与基本顶所受外力叠加应力小,当支护间排距由 0.6 m×0.6 m 增加至 1.2 m×1.2 m,在不同临时支护体支护刚度条件下,直接顶与基本顶之间层间剪力差为负值,说明浅部切顶留巷顶板采用锚杆支护能够有效控制层间错动变形;随着临时支护体支护刚度的增加层间剪力差减小,但减小幅度较小。锚杆预紧力的增大可有效减小层间剪力差,使得锚杆阻抗层间错动的能力增强。随着锚杆预紧力由 80 kN 增加至 140 kN,在不同临时支护体支护刚度条件下,浅部切顶巷道层间剪力差均为负值,巷道直接顶与基本顶未发生错动变形。

由图 6-7 可知,埋深 800 m 时,当锚杆支护间排距由 0.6 m×0.6 m 增加至 1.2 m×1.2 m 时,临时支护体支护刚度对层间剪力差的影响较小,当支护刚度为 $6.2×10^6$ N/m 时,层间剪力差由 60 kN 增加至 300 kN,当锚杆支护间排距扩大到 0.7 m×0.7 m,临时支护体不能有效控制直接顶与基本顶错动。增大锚杆预紧力对层间剪力差的影响幅度较小,当支护刚度为 $6.2×10^6$ N/m 时,层间剪力差由 137 kN 减小到 134 kN。

由图 6-5～图 6-7 可知:① 深部切顶巷道临时支护体支护刚度的改变能够起到减小层间剪力差的作用,但不能有效控制顶板错动变形,顶板控制的主要措施应为锚杆支护。② 浅部切顶巷道顶板采用锚杆支护能够有效控制层间错动变形,临时支护体能够起到控制层间错动变形的作用,但控制作用明显弱于锚杆支护作用。③ 随着埋深的增大,切顶巷道留巷期间直接顶与基本顶层间剪力差随之增大,控制顶板层间错动变形的主要方法为锚杆支护,不同埋深切顶巷道顶板临时支护体能够起到减小层间剪力差的作用,但浅部巷道与深部巷道,临时支护体控制顶板错动变形的能力明显弱于锚杆支护的控制能力。④ 在工程实践

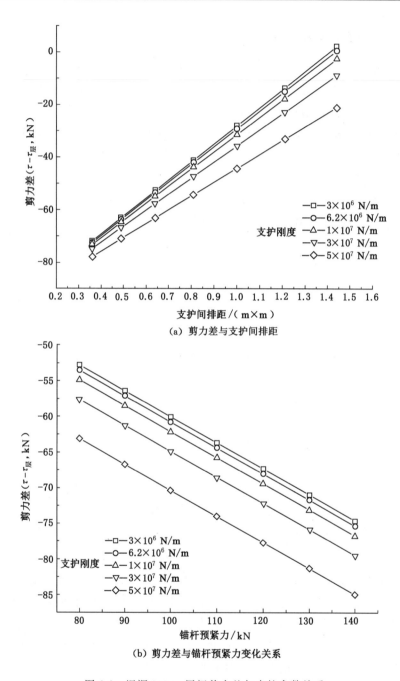

(a) 剪力差与支护间排距

(b) 剪力差与锚杆预紧力变化关系

图 6-6　埋深 300 m 层间剪力差与支护参数关系

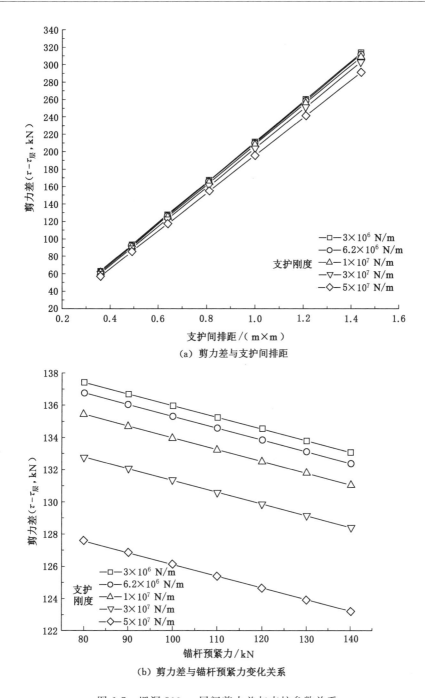

（a）剪力差与支护间排距

（b）剪力差与锚杆预紧力变化关系

图 6-7 埋深 800 m 层间剪力差与支护参数关系

中,切顶留巷期间,为提高顶板的稳定性,控制顶板下沉量,可通过增加巷内临时支护体数量,以提高支护刚度、减小锚杆支护间排距及提高锚杆预紧力。

6.2 切顶留巷协同控制思路

6.2.1 切顶卸压优化应力环境

沿巷道顶板边界实施预裂爆破,可切断巷道顶板与采空区顶板之间的力学约束,切断工作面回采期间采空区岩层运动引起的应力传递,减小并转移巷道区域应力峰值,加快巷道顶板运动,使其尽快形成稳定承载结构,充分发挥巷道顶板结构自承载能力。

由第 3 章的研究内容可知,工作面开采期间,不同切顶深度及切顶角度,对巷道顶板最大主应力及最小主应力分布有不同的影响,所引起的卸压效应存在明显不同。最大主应力的大小可直接反映卸压效果,最小主应力的大小则能够反映采动应力集中程度。针对具体工程背景,通过分析祁东煤矿 7135 工作面开采期间,不同切顶参数条件下,最大主应力及最小主应力分布规律,确定最优切顶深度及切顶角度;通过分析下一工作面开采期间超前工作面巷道顶板变形规律,验证切顶参数的合理性。

切顶后,滞后工作面留巷顶板在切缝及顶板自重、采动支承压力作用下,顶板沿切顶线首先发生断裂垮落、压实,并在滞后工作面一定范围内形成承载结构。切顶留巷顶板控制重点范围为采动影响范围。切顶巷道顶板控制的主要目标为利用顶板结构自承载能力,控制顶板下沉量,杜绝顶板冒落。

本书针对祁东煤矿具体工程背景,采用最大主应力、最小主应力指标确定 7135 工作面切顶深度及切顶角度分别为 9 m 及 80°时,卸压效果最优。

6.2.2 巷道顶板结构优化

切顶留巷核心工艺技术为超前工作面实施顶板预裂爆破,爆破作用既要保证顶板切得开,又要保证顶板的完整性。顶板的完整性,特别是基本顶的完整性,是实施支护控制的重要基础条件。

炮孔间距及装药长度是保证巷道顶板切得开且能保持完整性的决定性因素;炮孔间距与装药长度呈正相关关系,科学合理地确定炮孔间距及装药长度参数可减少巷道顶板损伤裂纹发育及保证炮孔连线间裂纹发育。

由第 3 章及第 4 章的研究可知,爆破工艺参数中,炮孔间距对预裂爆破巷道顶板成缝更为敏感,装药长度对巷道顶板稳定更为敏感。同时炮孔间距、装药长度设计取决于具体的工程条件,与炮孔及炸药参数、基本顶物理力学参数及基本顶受力参数有关。

以此为思路,提出在工程施工前,以切顶巷道基本顶成缝与稳定机理为依据的计算方法,编写顶板成缝与稳定判别计算程序,如图 6-8 所示,以顶板成缝与稳定为目标,针对具体工程条件输入已知参数可对炮孔间距、装药长度参数进行设计。

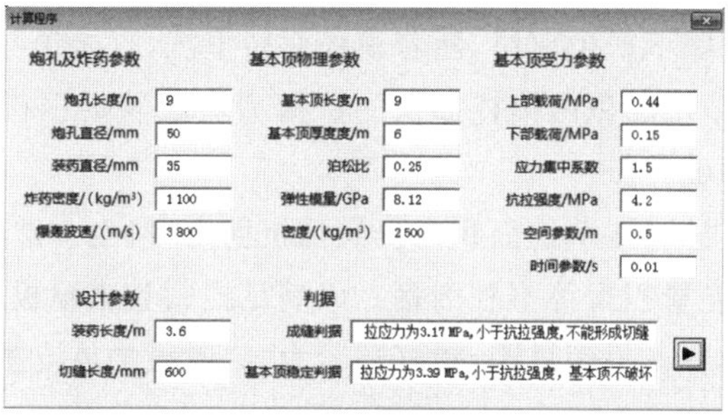

（a）不成缝计算结果

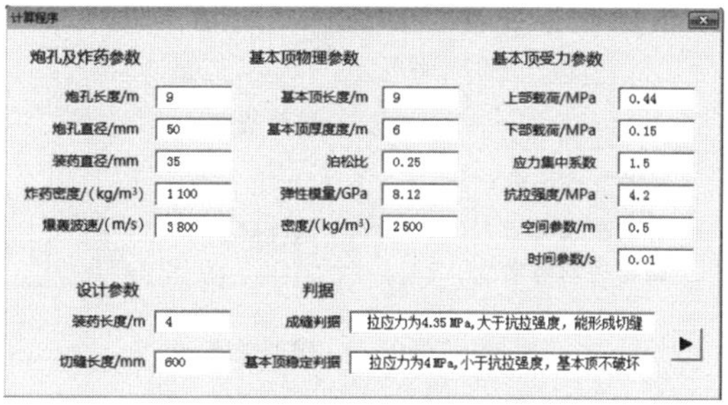

（b）成缝且巷道基本顶不破坏计算结果

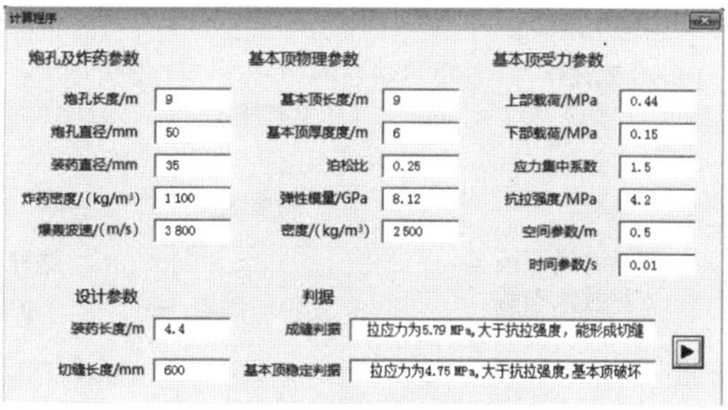

（c）成缝且巷道基本顶破坏计算结果

图 6-8　无煤柱切顶留巷装药长度及炮孔间距计算程序

6.2.3 巷道顶板协同控制体系

切顶留巷期间临时一般采用单体、垛式支架等临时支护体,由第5章的研究可知,在不同被动支护体支护位置及不同支护刚度作用下,巷道顶板下沉量存在差异。然而强支护刚度需要更多的劳动及设备投入,同时易使顶板产生能量积聚,在临时支护体回撤时,存在冲击危险,对安全经济效益造成损失。

切顶巷道滞后工作面,由于切缝作用,巷道直接顶和基本顶下位岩层已被切断,而切顶线上位岩层是一个整体结构,工作面开采后,采空区岩层垮落,存在自由空间,引起上位岩层发生一定的回转变形。当直接顶与基本顶协调变形时,即基本顶与直接顶之间不产生离层,随着顶板回转下沉,直接顶与基本顶之间错动并产生剪力,此时单位面积内锚杆提供的抗剪力应能满足顶板协调变形又能保证锚杆不发生剪切破坏。

高密度锚杆支护可在单位面积内提供强抗剪力,但也会造成支护工艺复杂、支护成本高、顶板能量积聚等不利因素。以满足控制巷道顶板协调变形为目标,科学合理地确定锚杆支护间排距、锚杆预紧力、临时支护体支护刚度及支护位置能够获得顶板控制的最优方案。

深井切顶留巷顶板协同控制体系如图6-9所示。

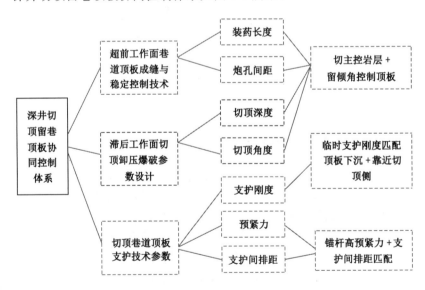

图6-9 深井切顶留巷顶板协同控制体系

6.3 切顶留巷协同控制工程验证

6.3.1 工作面超前预裂爆破切顶技术

6.3.1.1 预裂爆破参数设计

由第2章工程概况可知,直接顶与基本顶在留巷范围内厚度赋存变化区间:直接顶岩层厚度变化范围为0.6~8.3 m,基本顶厚度变化范围为3.5~17.4 m。因此以巷道顶板存在的直接顶与基本顶厚度分别为3 m及6 m的赋存范围作为研究对象,设计沿回风巷顶板边界实施超前预裂爆破,爆破钻孔深度施工至基本顶上部边界,设计切顶深度为9 m,设计切顶度与顶板倾向方向呈80°角,如图6-10所示。

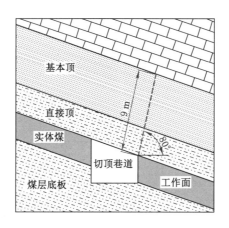

图 6-10　切顶巷道超前预裂钻孔设计参数

根据第4章研究内容可知,预裂爆破期间基本顶成缝及稳定与炮孔间距及装药长度存在量化关系,针对祁东煤矿7135工作面顶板岩层物理力学参数,采用三级煤矿许用水胶炸药,钻孔孔径为50 mm,炸药药卷参数:直径 $\phi=35$ mm,长度 $l=400$ mm,重量 $m=0.44$ kg,炮孔间距为0.6 m,装药长度为4 m,封孔深度为2 m。超前工作面50~60 m实施预裂爆破,爆破工艺为聚能爆破,采用反向装药,炮孔同时起爆,孔内反向起爆,如图6-11、图6-12所示。

6.3.1.2 预裂爆破效果考察

切顶后,在两炮孔中间打孔观测孔内岩层裂隙发育情况。由于观测钻孔采

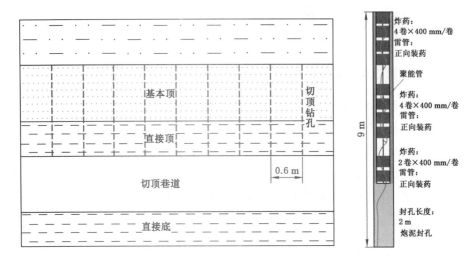

（a）炮孔间距布置图　　　　　　　（b）装药结构

图 6-11　炮孔间距示意图

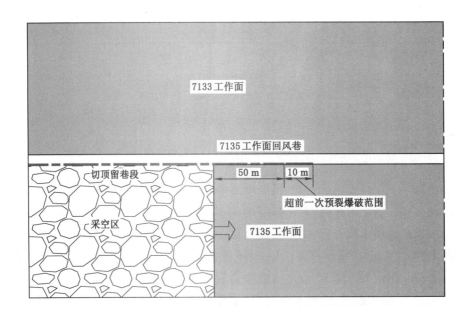

图 6-12　超前预裂爆破范围示意图

用锚杆钻机施工,孔径大小为 $\phi28$ mm,钻孔窥视过程中受窥视探头直径及导杆长度限制,分别对工作面前方 52 m、56 m 施工观测钻孔,窥视深度分别为 7.3 m、6 m。顶板预裂爆破后,对巷道顶板进行表面裂纹观测,如图 6-13 所示。从图中可以看出,炮孔装药段切缝明显,且切缝呈对称分布,符合聚能爆破成缝特征,将成缝段与爆破深度对比可得,成缝率达 86%～90%,爆破成缝及巷道顶板稳定效果好。

（a）52 m 处孔深 2.5～4.8 m 窥视效果

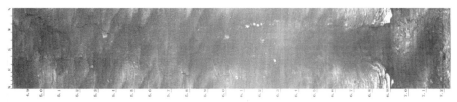

（b）56 m 处孔深 4.8～7.3 m 窥视效果

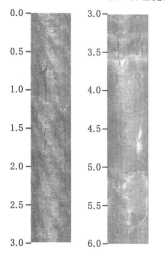

（c）56 m 处孔深 6 m 窥视效果　　　　（d）顶板完整性观测

图 6-13　切缝效果观测

6.3.2　巷道顶板支护技术

根据第 5 章研究内容可知:切顶留巷在全过程使用区间可分为 5 个阶段:
Ⅰ——掘进阶段、Ⅱ——一次采动超前影响阶段、Ⅲ——一次采动留巷影响阶段、Ⅳ——留巷稳定阶段、Ⅴ——二次采动影响阶段,如图 5-1 所示。切顶留巷顶板支护重点主要在一次采动超前影响阶段及一次采动留巷影响阶段。

由第 5 章的研究内容可知,一次采动超前影响阶段,预裂爆破切断了巷道顶板与采空区顶板的力学联系,巷道顶板沿切顶线存在失稳风险。根据 6.1 节研究内容可知,滞后工作面巷道直接顶与基本顶弯曲变形产生的剪力差与锚杆支护间排距、锚杆预紧力及临时支护体支护刚度有关,因此合理的锚杆支护间排距及临时支护体支护刚度、高预紧力锚杆支护能够有效保证锚杆的稳定性。根据研究确定祁东煤矿 7135 工作面回风巷在一次采动超前影响阶段、留巷影响阶段及留巷稳定范围采用锚杆(索)网及垛式支架进行联合支护,垛式支架距离巷道极限平衡位置 7.3 m,超前工作面支护 40 m,如图 6-14 所示。

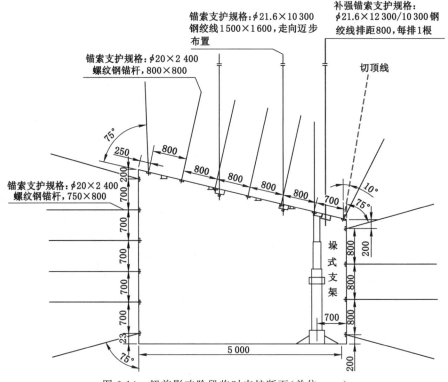

图 6-14　超前影响阶段临时支护断面(单位:mm)

一次采动留巷影响阶段内巷道顶板下沉剧烈,为防止该阶段内巷道顶板出现下沉失稳,由第 5 章及 6.1 节研究内容可知增加临时支护体支护刚度不仅可以控制顶板下沉,而且可以减小直接顶与基本顶之间剪力差。祁东煤矿 7135 工作面回风巷留巷期间巷道断面采用 2 台垛式支架增加临时支护体支护刚度,垛式支架间距 1.2 m,排距 2 m,如图 6-15 所示。

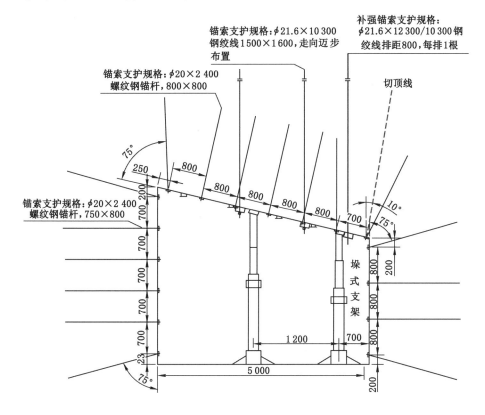

图 6-15　留巷影响阶段临时支护断面(单位:mm)

6.3.3　切顶留巷顶板控制效果分析

6.3.3.1　工作面测点布置

7135 工作面回采后,祁东煤矿根据采掘接续计划,对 7136 工作面进行开采,未及时对 7133 工作面进行回采,因此在本书研究期间未能观测到切顶巷道二次采动影响阶段矿压显现规律。7135 工作面回采期间,为获得回风巷切顶留巷期间顶板变形及支护体受力情况,在工作面前方布置巷道顶底板位移及应力测点,通过实测锚索受力及垛式支架工作面阻力大小反映顶板应力分布情况。巷道顶底板位移测量采用十字测点法,工作面测点布置如图 6-16 所示。

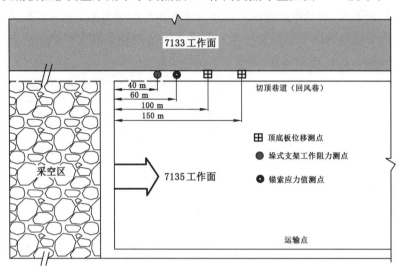

图 6-16　工作面测点布置

6.3.3.2　巷道顶板变形规律

由图 6-17 可知:① 工作面前方 40~80 m 范围,巷道顶底板变形量小,顶底板最大变形量约为 10 mm,该阶段处于一次超前采动影响范围之外,基本顶未出现明显的采动裂隙或断裂,顶底板变形速率小,可认为该阶段为掘进阶段;② 工作面前方 0~40 m,该阶段顶板在超前采动及爆破预裂作用下,顶板变形量及底鼓量均呈增加趋势,最大底鼓量明显大于顶板移近量,底鼓速率呈上升—下降—上升—下降的波动变化趋势,较顶板移近速率大,顶板移近速率呈整体减小趋势,顶底板变形在该阶段开始剧烈,顶板最大变形量为 61 mm,底鼓最大量为 106 mm,顶底板最大移近量为 167 mm;认为该阶段为一次采动超前影响阶段。③ 工作面后方 0~100 m,该阶段巷道基本顶处于"悬臂梁"状态,呈现弯曲、断裂、旋转下沉、铰接形成承载结构及挤压变形过程,顶底板变形程度剧烈,顶底板变形速率呈明显上升,然后下降的趋势,该阶段底鼓量大于顶板移近量,最大底鼓量为 360 mm,最大顶板移近量为 300 mm,顶底板最大移近量为 660 mm。可认为该阶段为一次采动留巷影响阶段。④ 工作面后方 100~150 m,该阶段由于顶板岩层结构处于相对稳定状态,顶底板移近速率小且相对稳定,顶板最大移近量为 318 mm,与理论计算获得的 280 mm 相近,验证了理论计算的合理性;最大底鼓量为 370 mm,顶底板最大移近量为 688 mm。可认为该阶段为留巷稳定阶段。自一次采动超前影响阶段至留巷稳定阶段,顶板移近量较大,但未出现结构性失稳变形。

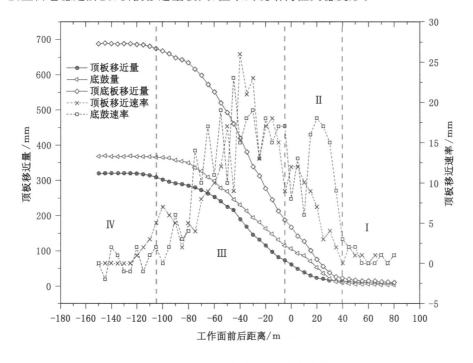

图 6-17 切顶巷道顶板下沉变化曲线

6.3.3.3 垛式支架工作阻力变化规律

工作面开采期间,实测垛式支架工作阻力变化情况,如图 6-18 所示。

由图 6-18 可知,垛式支架工作阻力从工作面前方 40 m 至工作面后方 70 m 呈增大趋势。工作面前方 25 m 至后方 15 m 范围支架受工作面周期来压作用,工作阻力变化起伏明显。工作面后方 15~30 m 范围为垛式支架增阻阶段,随着留巷距离的增大,支架阻力呈波动起伏变化,整体趋于稳定,最大工作阻力达 41 MPa,均位于支架工作阻力合理变化区间。

基于祁东煤矿 7135 工作面回风巷的工程地质条件进行了工程验证,从前面的分析可知,理论分析、数值模拟和相似材料模拟研究得到的爆破参数和切顶参数在实践应用中效果良好,如图 6-19 所示。

在切顶方面,预裂爆破使炮孔间形成了贯通裂隙,切缝效果好,采空区上方顶板和巷道上方顶板的力学联系被切断,卸压效果明显。通过矿压观测和现场

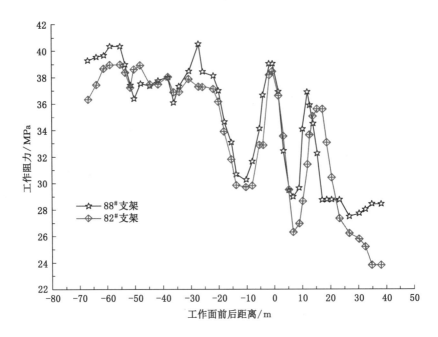

图 6-18　垛式支架工作阻力变化曲线

（a）超前工作面巷道顶板支护效果　　　（b）滞后工作面巷道顶板支护效果

图 6-19　留巷期间垛式支架支护效果

实拍照片可知,顶板完整性较好,顶板没有发生大变形,垛式支架工作阻力均在合理变化区间,这反映切顶卸压效应较好。留巷之后,整个巷道断面面积能够满足通风行人的要求,能够满足下一工作面安全回采要求。

6.4 本章小结

切顶巷道留巷期间,直接顶与基本顶由实体煤帮至采空区侧呈弯曲下沉变形,两岩层弯曲变形在有效支护面积内产生的剪力差与锚杆支护参数及临时支护体支护刚度存在变化关系。本章通过理论分析研究了层间剪力差与锚杆支护间排距、锚杆预紧力及临时支护体支护刚度的量化关系,提出了切顶巷道顶板控制思路及控制技术,并在祁东煤矿7135工作面回风巷进行了工程验证,具体结论如下:

① 通过分析切顶留巷期间巷道顶板运动特征,建立了直接顶与基本顶组合力学模型,基于中性轴力学性质,分别解出了直接顶与基本顶层间剪力计算表达式,以锚杆支护间排距为研究对象,得到了以锚杆抗剪强度为临界指标的层间错动判据。

② 基于锚杆破坏判据,分析了锚杆有效支护面积内层间剪力差与锚杆支护间排距、锚杆预紧力及临时支护体支护刚度之间的量化关系,得到了增加临时支护刚度、增大锚杆支护预紧力及减小锚杆支护间排距能够减小层间剪力差,提高锚杆对岩层错动抵抗能力。

③ 分析了不同埋深切顶巷道顶板层间剪力差与临时支护体支护刚度、锚杆支护网度及锚杆预紧力的变化关系,得出了浅埋深及深部切顶巷道顶板错动变形控制的主要方法为锚杆支护,临时支护体在浅埋深及深部巷道支护效果均不明显;提出了在工程实践中,可通过增加巷内临时体数量、减小锚杆支护网度(间排距)及提高锚杆预紧力实现对切顶留巷顶板变形的控制。

④ 综合提出了切顶巷道顶板协同控制思路及祁东煤矿7135工作面留巷期间顶板控制技术,通过考察切顶爆破效果、顶板支护效果,得出切顶巷道顶板在一次采动超前影响阶段至留巷稳定阶段,顶板未出现结构性失稳变形;垛式支架工作阻力位于合理变化区间,验证了顶板控制技术的合理性。

7 主要结论及创新点

7.1 主要结论

切顶留巷开采技术是缓解采掘接续紧张,实现深井安全高效开采的关键技术之一,切顶留巷开采核心工艺技术是利用预裂爆破技术切断采空区顶板与巷道顶板之间的力学联系,改变顶板应力传递结构,优化顶板应力环境。本书针对切顶留巷顶板全周期稳定及协同控制技术,通过相似模拟、数值模拟、理论分析及工程验证的方法,分析切顶留巷顶板全周期结构特征、切顶参数卸压效应、基本顶成缝与稳定机理、直接顶变形机理及协同支护机理,并以祁东煤矿为工程验证实例。本书的主要结论如下:

① 明确了切顶留巷直接顶与基本顶全周期力学结构为悬臂梁结构。通过相似模拟实验分析了切顶留巷直接顶与基本顶全周期结构演化特征,得到了预裂切顶能够起到卸压作用的结论,在此基础上提出了切顶留巷顶板稳定控制的关键问题,分别为卸压爆破参数、顶板成缝与稳定机理、切顶巷道顶板全周期变形机理、巷道顶板协同支护机理。

② 获得了保证顶板成缝与保留岩体完整的爆破参数及最优卸压效果的切顶参数。以祁东煤矿 7135 工作面回风巷为工程背景,通过数值模拟研究分析了聚能爆破、普通爆破、不同线装药密度、不同炮孔间距条件下的裂纹扩展规律,以及不同切顶深度与切顶角度的顶板卸压效应,得到了炮孔间距与线装药密度是顶板沿炮孔连线方向成缝与巷道顶板完整性的关键因素,切顶深度 9 m 及切顶角度 80°时卸压效果最优。

③ 建立了动静耦合作用下切顶留巷基本顶成缝与稳定判据。基于岩层中应力波衰减公式,建立了基于抗拉强度的基本顶成缝判据,获得基本顶成缝时装药长度及炮孔间距之间的最小量化关系;基于动静耦合作用下基本顶受力特征,建立了基本顶力学模型,获得了以抗拉强度为临界指标的基本顶稳定判据,并获

得了基本顶稳定时装药长度与炮孔间距的最大量化关系;揭示了爆破应力波在基本顶内呈拉压交替变换且巷道基本顶同一位置持续受到拉应力、压应力作用的传播规律。

④ 得到了基本顶最大拉应力与极限平衡区应力集中系数的量化关系。极限平衡区侧向应力集中系数仅对巷道基本顶局部拉应力分布有影响($0 < x < 3.0$ m),而对远处的巷道基本顶应力分布无影响($x > 3.0$ m)。

⑤ 建立了切顶留巷直接顶全周期力学模型,获得了切顶留巷直接顶变形机理。通过分析切顶留巷直接顶全周期顶板结构与受力特征,建立切顶留巷直接顶全周期力学模型,获得了巷道顶板变形机理表达式,并对关键参数的取值进行了分析,得到了切顶前后巷道顶板变形规律、留巷期间顶板变形量与巷内临时支护位置及支护刚度之间的量化关系,提出了控制留巷期间顶板变形量的可行方法为增加巷内临时支护体数量,采用并联支护,以提高支护刚度。

⑥ 研究了切顶留巷巷内协同支护机理。通过分析切顶巷道留巷期间直接顶与基本顶协调变形力学特征,建立了直接顶与基本顶组合力学模型;基于组合梁中性轴力学性质,获得了直接顶与基本顶层间剪力计算表达式,得到了层间错动判据,并以此分析了层间剪力差与锚杆支护间排距、锚杆预紧力及临时支护体支护刚度之间的量化关系,揭示了增加临时支护刚度、增大锚杆支护预紧力及减小锚杆支护间排距能够减小层间剪力差,提高锚杆对岩层错动阻抗的能力;并且,临时支护阻抗层间错动具有显著的埋深效应。

⑦ 提出了切顶巷道协同控制思路及祁东煤矿 7135 工作面留巷期间顶板控制技术,切顶巷道顶板在一次采动超前影响阶段至留巷稳定阶段,顶板最大移近量为 318 mm,垛式支架工作阻力位于合理变化区间,顶板未出现结构性失稳变形,验证了理论计算及顶板控制技术的合理性。

7.2 创新点

① 揭示了切顶留巷直接顶全周期变形机理,获得了巷道顶板全周期变形机理表达式。通过相似模拟实验对切顶留巷直接顶全周期力学结构特征进行了研究,揭示了切顶留巷巷道直接顶全周期呈悬臂梁结构;以此为基础,分析了切顶留巷直接顶全周期受力特征,建立了直接顶全周期力学模型,通过引入等效集中载荷 R_b 及 2 个位移协调方程,获得了切顶留巷巷道顶板全周期变形机理表达式,分析了切顶留巷顶板变形与巷内临时支护位置、支护刚度的量化关系。该创

新点可为切顶留巷临时支护参数设计提供理论依据。

② 建立了切顶留巷超前预裂爆破基本顶成缝与稳定判据,获得了动静耦合作用下巷道基本顶应力表达式。基于相似模拟实验对切顶留巷基本顶的力学结构研究,揭示了切顶后巷道基本顶呈悬臂梁结构,通过数值模拟对预裂爆破参数的研究,获得了不同炮孔间距及线装药密度条件下的裂纹扩展规律;以此为基础,分析了巷道超前预裂爆破基本顶受力特征,基于应力波在岩层中衰减公式建立了基本顶成缝判据,并分析了基本顶成缝时炮孔间距与线装药密度的最小量化关系,建立了动静耦合作用下基本顶力学模型,利用三角函数正交性,获得了基本顶应力表达式,以抗拉强度为临界指标建立了基本顶稳定判据,分析了基本顶稳定时炮孔间距与装药长度的最大量化关系。该创新点可为切顶留巷顶板预裂爆破参数设计提供理论依据。

③ 研究了切顶留巷顶板协同支护机理,提出了协同支护的工程实践方法。基于切顶留巷直接顶与基本顶协调变形特征,分析了留巷期间直接顶与基本顶受力特征;以此为基础,建立了切顶留巷直接顶与基本顶力学模型,基于中性轴力学性质及引入临时支护集中载荷 R_b,获得了层间错动剪应力计算表达式,通过引入锚杆有效支护面积,建立了层间错动判据,分析了层间剪力差与锚杆支护间排距、锚杆预紧力及临时支护体支护刚度之间的量化关系,以此提出了工程实践中切顶留巷顶板协同支护方法并进行了工程实例验证。该创新点可为切顶留巷顶板支护参数设计提供理论依据。

7.3 研究展望

① 切顶留巷顶板变形及控制工程现场为三维空间,本书在研究过程中相似模拟及爆破参数的数值模拟采用的是平面模型,未严格还原实际工程条件,未进行三维相似模拟及爆破参数数值模拟。关于切顶留巷预裂切缝在工作面开采期间对顶板的作用过程需要进一步通过三维模拟进行研究。

② 本书针对切顶留巷全周期顶板稳定与控制机理研究的过程中,采用了平面力学模型及理论解算,解算过程中选取的参数仅以祁东煤矿 7135 工作面为工程背景,针对其他工程条件需进一步验算及工程验证。

③ 在研究顶板变形机理及巷内支护机理时,忽略了留巷期间挡矸体对顶板的支撑作用,需要进一步深入研究考虑挡矸体、矸石对顶板有支撑条件下的顶板变形与协同支护机理。

参 考 文 献

[1] 中国煤炭工业协会.2023煤炭行业发展年度报告[R].北京:中国煤炭工业协会,2023.

[2] 葛世荣,张晞,薛光辉,等.我国煤矿煤机智能技术与装备发展研究[J].中国工程科学,2023,25(5):146-156.

[3] 谢和平,任世华,谢亚辰,等.碳中和目标下煤炭行业发展机遇[J].煤炭学报,2021,46(7):2197-2211.

[4] 陈浮,于昊辰,卞正富,等.碳中和愿景下煤炭行业发展的危机与应对[J].煤炭学报,2021,46(6):1808-1820.

[5] 袁亮,王恩元,马衍坤,等.我国煤岩动力灾害研究进展及面临的科技难题[J].煤炭学报,2023,48(5):1825-1845.

[6] 谢和平.深部岩体力学与开采理论研究进展[J].煤炭学报,2019,44(5):1283-1305.

[7] 袁亮.深部采动响应与灾害防控研究进展[J].煤炭学报,2021,46(3):716-725.

[8] 何满潮.深部建井力学研究进展[J].煤炭学报,2021,46(3):726-746.

[9] 康红普,牛多龙,张镇,等.深部沿空留巷围岩变形特征与支护技术[J].岩石力学与工程学报,2010,29(10):1977-1987.

[10] 谢和平,周宏伟,刘建锋,等.不同开采条件下采动力学行为研究[J].煤炭学报,2011,36(7):1067-1074.

[11] 何满潮,谢和平,彭苏萍,等.深部开采岩体力学研究[J].岩石力学与工程学报,2005,24(16):2803-2813.

[12] 马念杰,赵希栋,赵志强,等.深部采动巷道顶板稳定性分析与控制[J].煤炭学报,2015,40(10):2287-2295.

[13] 张文阳,孔宪法,康天合,等.松软围岩工作面留设的区段大煤柱合理尺寸研究[J].矿业研究与开发,2013,33(5):14-17.

[14] 袁亮,薛俊华,张农,等.煤层气抽采和煤与瓦斯共采关键技术现状与展望[J].煤炭科学技术,2013,41(9):6-11.

[15] 刘啸,华心祝,杨朋,等.深井切顶留巷顶板错动判据与支护参数量化研究[J].采矿与安全工程学报,2021,38(6):1122-1133.

[16] 何满潮.无煤柱自成巷开采理论与110工法[J].采矿与安全工程学报,2023,40(5):869-881.

[17] 何满潮,高玉兵,盖秋凯,等.无煤柱自成巷力学原理及其工法[J].煤炭科学技术,2023,51(1):19-30.

[18] 张自政,柏建彪,王襄禹,等.我国沿空留巷围岩控制技术研究进展与展望[J].煤炭学报,2023,48(11):3979-4000.

[19] 华心祝,李琛,刘啸,等.再论我国沿空留巷技术发展现状及改进建议[J].煤炭科学技术,2023,51(1):128-145.

[20] 刘清利,王萌.综放工作面沿空留巷无煤柱开采技术[J].煤炭科学技术,2016,44(5):122-127.

[21] 华心祝.我国沿空留巷支护技术发展现状及改进建议[J].煤炭科学技术,2006,34(12):78-81.

[22] 柏建彪,周华强,侯朝炯,等.沿空留巷巷旁支护技术的发展[J].中国矿业大学学报,2004,33(2):183-186.

[23] 阚忠辉.沿空留巷巷旁支护技术的发展现状[J].内蒙古煤炭经济,2017(5):16,40.

[24] HE M C,ZHU G L,GUO Z B.Longwall mining "cutting cantilever beam theory" and 110 mining method in China：the third mining science innovation[J].Journal of rock mechanics and geotechnical engineering,2015,7(5):483-492.

[25] 王巨光,王刚.切顶卸压沿空留巷技术探讨[J].煤炭工程,2012,44(1):24-26.

[26] 何满潮,朱国龙."十三五"矿业工程发展战略研究[J].煤炭工程,2016,48(1):1-6.

[27] YANG J H,LU W B,JIANG Q H,et al.A study on the vibration frequency of blasting excavation in highly stressed rock masses[J].Rock mechanics and rock engineering,2016,49(7):2825-2843.

[28] WANG Y J,HE M C,YANG J,et al.Case study on pressure-relief mining

technology without advance tunneling and coal pillars in longwall mining [J].Tunnelling and underground space technology,2020,97:103236.

[29] ZHANG Z Y,BARLA G.Introduction to the special issue "rock mechanics advances in China coal mining"[J].Rock mechanics and rock engineering,2019, 52(8):2721-2723.

[30] WANG Q,HE M C,YANG J,et al.Study of a no-pillar mining technique with automatically formed gob-side entry retaining for longwall mining in coal mines[J].International journal of rock mechanics and mining sciences,2018,110:1-8.

[31] 宋振骐,崔增娣,夏洪春,等.无煤柱矸石充填绿色安全高效开采模式及其工程理论基础研究[J].煤炭学报,2010,35(5):705-710.

[32] HE M C,GONG W L,WANG J,et al.Development of a novel energy-absorbing bolt with extraordinarily large elongation and constant resistance[J]. International journal of rock mechanics and mining sciences,2014,67:29-42.

[33] 殷帅峰,石建军,冯吉成,等.无巷旁充填支护沿空留巷顶板断裂位置研究[J].煤炭科学技术,2019,47(1):193-198.

[34] 高玉兵.柠条塔煤矿厚煤层110工法关键问题研究[D].北京:中国矿业大学(北京),2018.

[35] 朱珍,何满潮,王琦,等.柠条塔煤矿自动成巷无煤柱开采新方法[J].中国矿业大学学报,2019,48(1):46-53.

[36] 温中义.永城矿区大埋深、中厚煤层无煤柱开采实践[J].地下空间与工程学报,2019,15(增刊1):256-259.

[37] 王小龙,董志勇.高瓦斯煤层切顶卸压无煤柱自成巷技术应用研究[J].工矿自动化,2019,45(7):97-101.

[38] 孙恒虎,赵炳利.沿空留巷的理论与实践[M].北京:煤炭工业出版社,1993.

[39] 何廷峻.应用Wilson铰接岩块理论进行巷旁支护设计[J].岩石力学与工程学报,1998,17(2):173-177.

[40] 张农,韩昌良,阚甲广,等.沿空留巷围岩控制理论与实践[J].煤炭学报,2014,39(8):1635-1641.

[41] 韩昌良,张农,李桂臣,等.大采高沿空留巷巷旁复合承载结构的稳定性分析[J].岩土工程学报,2014,36(5):969-976.

[42] 华心祝,马俊枫,许庭教.锚杆支护巷道巷旁锚索加强支护沿空留巷围岩控

制机理研究及应用[J].岩石力学与工程学报,2005,24(12):2107-2112.

[43] 李迎富,华心祝.沿空留巷围岩结构稳定性力学分析[J].煤炭学报,2017,42(9):2262-2269.

[44] 李迎富,华心祝,蔡瑞春.沿空留巷关键块的稳定性力学分析及工程应用[J].采矿与安全工程学报,2012,29(3):357-364.

[45] LI X H,JU M H,YAO Q L,et al.Numerical investigation of the effect of the location of critical rock block fracture on crack evolution in a gob-side filling wall[J]. Rock mechanics and rock engineering, 2016, 49（3）:1041-1058.

[46] 张自政,柏建彪,陈勇,等.沿空留巷不均衡承载特征探讨与应用分析[J].岩土力学,2015,36(9):2665-2673.

[47] 张自政,柏建彪,王卫军,等.沿空留巷充填区域直接顶受力状态探讨与应用[J].煤炭学报,2017,42(8):1960-1970.

[48] 谭云亮,于凤海,宁建国,等.沿空巷旁支护适应性原理与支护方法[J].煤炭学报,2016,41(2):376-382.

[49] 曹树刚,王勇,邹德均,等.倾斜煤层沿空留巷力学模型分析[J].重庆大学学报,2013,36(5):143-150.

[50] 李化敏.沿空留巷顶板岩层控制设计[J].岩石力学与工程学报,2000,19(5):651-654.

[51] 何满潮,武毅艺,高玉兵,等.深部采矿岩石力学进展[J].煤炭学报,2024,49(1):75-99.

[52] 韩昌良.沿空留巷围岩应力优化与结构稳定控制[D].徐州:中国矿业大学,2013.

[53] 高玉兵,郭志飚,杨军,等.沿空切顶巷道围岩结构稳态分析及恒压让位协调控制[J].煤炭学报,2017,42(7):1672-1681.

[54] 高玉兵,王琦,杨军,等.特厚煤层综放开采邻空动压巷道围岩变形机理及卸压控制[J].煤炭科学技术,2023,51(2):83-94.

[55] 马新根,何满潮,李先章,等.切顶卸压自动成巷覆岩变形机理及控制对策研究[J].中国矿业大学学报,2019,48(3):474-483.

[56] 何满潮,王亚军,杨军,等.切顶卸压无煤柱自成巷开采与常规开采应力场分布特征对比分析[J].煤炭学报,2018,43(3):626-637.

[57] 何满潮,王亚军,杨军,等.切顶成巷工作面矿压分区特征及其影响因素分

析[J].中国矿业大学学报,2018,47(6):1157-1165.

[58] 陈上元,何满潮,郭志飚,等.深部沿空切顶成巷围岩稳定性控制对策[J].工程科学与技术,2019,51(5):107-116.

[59] 王炯,朱道勇,宫伟力,等.切顶卸压自动成巷岩层运动规律物理模拟实验[J].岩石力学与工程学报,2018,37(11):2536-2547.

[60] 杨军,付强,高玉兵,等.断层影响下无煤柱自成巷围岩运动及矿压规律[J].中国矿业大学学报,2019,48(6):1238-1247.

[61] 康红普.我国煤矿巷道围岩控制技术发展70年及展望[J].岩石力学与工程学报,2021,40(1):1-30.

[62] 武精科,阚甲广,谢生荣,等.深井沿空留巷非对称破坏机制与控制技术研究[J].采矿与安全工程学报,2017,34(4):739-747.

[63] 武精科,阚甲广,谢生荣,等.深井高应力软岩沿空留巷围岩破坏机制及控制[J].岩土力学,2017,38(3):793-800.

[64] 杨朋.深井沿空留巷围岩变形演化特征及其控制[D].淮南:安徽理工大学,2018.

[65] 谢生荣,岳帅帅,陈冬冬,等.深部充填开采留巷围岩偏应力演化规律与控制[J].煤炭学报,2018,43(7):1837-1846.

[66] 赵一鸣,张农,郑西贵,等.千米深井厚硬顶板直覆沿空留巷围岩结构优化[J].采矿与安全工程学报,2015,32(5):714-720.

[67] 陈上元,何满潮,王洪建,等.深井沿空切顶巷道围岩协同控制及应力演化规律[J].采矿与安全工程学报,2019,36(4):660-669.

[68] 康红普,张晓,王东攀,等.无煤柱开采围岩控制技术及应用[J].煤炭学报,2022,47(1):16-44.

[69] 杨军,魏庆龙,王亚军,等.切顶卸压无煤柱自成巷顶板变形机制及控制对策研究[J].岩土力学,2020,41(3):989-998.

[70] 袁超峰,袁永,朱成,等.薄直接顶大采高综采工作面切顶留巷合理参数研究[J].煤炭学报,2019,44(7):1981-1990.

[71] 张百胜,王朋飞,崔守清,等.大采高小煤柱沿空掘巷切顶卸压围岩控制技术[J].煤炭学报,2021,46(7):2254-2267.

[72] 侯公羽,胡涛,李子祥,等.切顶高度对巷旁支护沿空留巷稳定性的影响[J].采矿与安全工程学报,2019,36(5):924-931.

[73] 朱珍,张科学,何满潮,等.无煤柱无掘巷开采自成巷道围岩结构控制及工

程应用[J].煤炭学报,2018,43(增刊1):52-60.

[74] MA X G,HE M C,LIU D Q,et al.Study on mechanical properties of roof rocks with different cutting inclinations[J].Geotechnical and geological engineering,2019,37(4):2397-2407.

[75] 孙晓明,刘鑫,梁广峰,等.薄煤层切顶卸压沿空留巷关键参数研究[J].岩石力学与工程学报,2014,33(7):1449-1456.

[76] 郭志飚,王将,曹天培,等.薄煤层切顶卸压自动成巷关键参数研究[J].中国矿业大学学报,2016,45(5):879-885.

[77] 陈勇,郝胜鹏,陈延涛,等.带有导向孔的浅孔爆破在留巷切顶卸压中的应用研究[J].采矿与安全工程学报,2015,32(2):253-259.

[78] 张自政,柏建彪,陈勇,等.浅孔爆破机制及其在厚层坚硬顶板沿空留巷中的应用[J].岩石力学与工程学报,2016,35(增刊1):3008-3017.

[79] 王炯,刘雨兴,马新根,等.塔山煤矿综采工作面切顶留巷技术[J].煤炭科学技术,2019,47(2):27-34.

[80] 程利兴,康红普,姜鹏飞,等.深井沿空掘巷围岩变形破坏特征及控制技术研究[J].采矿与安全工程学报,2021,38(2):227-236.

[81] 谢和平,张茹,张泽天,等.深地科学与深地工程技术探索与思考[J].煤炭学报,2023,48(11):3959-3978.

[82] 左建平,文金浩,胡顺银,等.深部煤矿巷道等强梁支护理论模型及模拟研究[J].煤炭学报,2018,43(增刊1):1-11.

[83] 高玉兵,杨军,张星宇,等.深井高应力巷道定向拉张爆破切顶卸压围岩控制技术研究[J].岩石力学与工程学报,2019,38(10):2045-2056.

[84] 王琦,张朋,蒋振华,等.深部高强锚注切顶自成巷方法与验证[J].煤炭学报,2021,46(2):382-397.

[85] 勾攀峰,辛亚军,张和,等.深井巷道顶板锚固体破坏特征及稳定性分析[J].中国矿业大学学报,2012,41(5):712-718.

[86] 陈勇,柏建彪,王襄禹,等.沿空留巷巷内支护技术研究与应用[J].煤炭学报,2012,37(6):903-910.

[87] 沙旋,褚晓威.厚煤层沿空留巷围岩综合控制技术[J].煤炭科学技术,2019,47(11):76-83.

[88] 何满潮,陈上元,郭志飚,等.切顶卸压沿空留巷围岩结构控制及其工程应用[J].中国矿业大学学报,2017,46(5):959-969.

[89] 龚鹏.深部大采高矸石充填综采沿空留巷围岩变形机理及应用[D].徐州：中国矿业大学,2018.

[90] 李新平,陈俊桦,李友华,等.溪洛渡电站地下厂房爆破损伤范围及判据研究[J].岩石力学与工程学报,2010,29(10):2042-2049.

[91] 刘云川,汪旭光,刘连生,等.不耦合装药条件下炮孔初始压力计算的能量方法[J].中国矿业,2009,18(6):104-107,110.

[92] 杜俊林,周胜兵,宗琦.不耦合装药时孔壁压力的理论分析和求算[J].西安科技大学学报,2007,27(3):347-351.

[93] 邓祥辉,陈建勋,罗彦斌,等.水平层状围岩隧道爆破控制技术[J].长安大学学报(自然科学版),2017,37(2):73-80,88.

[94] 何满潮,高玉兵,杨军,等.无煤柱自成巷聚能切缝技术及其对围岩应力演化的影响研究[J].岩石力学与工程学报,2017,36(6):1314-1325.

[95] 梁洪达,郭鹏飞,孙鼎杰,等.不同聚能爆破模式应力波传播及裂纹扩展规律研究[J].振动与冲击,2020,39(4):157-164,184.

[96] 高魁,刘泽功,刘健,等.爆破扰动松软煤层对巷道围岩稳定性的影响[J].振动与冲击,2018,37(15):136-142.

[97] 高魁,刘泽功,刘健,等.定向聚能爆破弱化综掘工作面逆断层应用研究[J].岩石力学与工程学报,2019,38(7):1408-1419.

[98] 左建平,孙运江,刘文岗,等.浅埋大采高工作面顶板初次断裂爆破机理与力学分析[J].煤炭学报,2016,41(9):2165-2172.

[99] 吴亮,李凤,卢文波,等.爆破扰动下邻近层状围岩隧道的稳定性与振速阈值[J].爆炸与冲击,2017,37(2):208-214.

[100] 刘衍利,黎卫兵,黄星源.切顶卸压爆破技术在沿空留巷中的应用[J].煤矿安全,2014,45(6):132-135.

[101] LU W B, YANG J H, YAN P, et al. Dynamic response of rock mass induced by the transient release of in-situ stress[J]. International journal of rock mechanics and mining sciences,2012,53:129-141.

[102] ZHANG Q B, ZHAO J. A review of dynamic experimental techniques and mechanical behaviour of rock materials[J]. Rock mechanics and rock engineering,2014,47(4):1411-1478.

[103] SINGH P K. Blast vibration damage to underground coal mines from adjacent open-pit blasting[J]. International journal of rock mechanics and

mining sciences,2002,39(8):959-973.

[104] TORAÑO J,RODRÍGUEZ R,DIEGO I,et al.FEM models including randomness and its application to the blasting vibrations prediction[J]. Computers and geotechnics,2006,33(1):15-28.

[105] LU W B,CHEN M,GENG X,et al.A study of excavation sequence and contour blasting method for underground powerhouses of hydropower stations[J].Tunnelling and underground space technology,2012,29: 31-39.

[106] MA G W,AN X M.Numerical simulation of blasting-induced rock fractures [J].International journal of rock mechanics and mining sciences,2008,45(6):966-975.

[107] YILMAZ O,UNLU T.Three dimensional numerical rock damage analysis under blasting load[J].Tunnelling and underground space technology,2013,38:266-278.

[108] 高魁,刘泽功,刘健,等.深孔爆破在深井坚硬复合顶板沿空留巷强制放顶中的应用[J].岩石力学与工程学报,2013,32(8):1588-1594.

[109] 朱子良.炮孔空气不耦合装药爆破的孔壁冲击压力初探[J].煤矿爆破, 2004(3):5-7.

[110] 宗琦,孟德君.炮孔不同装药结构对爆破能量影响的理论探讨[J].岩石力学与工程学报,2003,22(4):641-645.

[111] 马新根,何满潮,李钊,等.复合顶板无煤柱自成巷切顶爆破设计关键参数研究[J].中国矿业大学学报,2019,48(2):236-246,277.

[112] 陈上元,赵菲,王洪建,等.深部切顶沿空成巷关键参数研究及工程应用[J].岩土力学,2019,40(1):332-342,350.

[113] 艾纯明,王华,杨云鹏.平行深孔预裂爆破力学特性与抽放效果分析[J].中国安全科学学报,2016,26(11):115-120.

[114] 谢和平,高峰,鞠杨,等.深部开采的定量界定与分析[J].煤炭学报,2015, 40(1):1-10.

[115] 钱鸣高,许家林.煤炭开采与岩层运动[J].煤炭学报,2019,44(4):973-984.

[116] 于远祥,洪兴,陈方方.回采巷道煤体荷载传递机理及其极限平衡区的研究[J].煤炭学报,2012,37(10):1630-1636.

[117] ZUO J P,WANG J T,JIANG Y Q.Macro/meso failure behavior of

surrounding rock in deep roadway and its control technology [J]. International journal of coal science & technology,2019,6(3):301-319.

[118] 王文龙.钻眼爆破[M].北京:煤炭工业出版社,1984:53-58.

[119] 李必红.椭圆双极线型聚能药柱爆炸理论及预裂爆破技术研究[D].长沙:中南大学,2013.